**Berichte aus dem
Institut für Umformtechnik
der Universität Stuttgart
Herausgeber:
Prof. em. Dr.-Ing. Dr. h.c. K. Lange**

Wolfgang Makosch

Anwendungsorientiertes CAD-System zur Werkzeugkonstruktion für die Kaltmassivumformung

Mit 72 Abbildungen und 9 Tabellen

Springer-Verlag Berlin Heidelberg GmbH 1992

Dipl.-Ing. Wolfgang Makosch
Institut für Umformtechnik
Universität Stuttgart

Dr.-Ing. Dr. h. c. Kurt Lange
o. Professor em. an der Universität Stuttgart
Institut für Umformtechnik

D 93

ISBN 978-3-540-55466-0   ISBN 978-3-662-05787-2 (eBook)
DOI 10.1007/978-3-662-05787-2

Gesamtherstellung: Copydruck GmbH, Heimsheim
2362/3020−6 5 4 3 2 1 0

GELEITWORT DES HERAUSGEBERS

Die Umformtechnik zeichnet sich durch sehr gute Werkstoffaus-
wertung und hohe Mengenleistung in der Serienfertigung gegenüber anderen Fertigungsverfahren aus, wobei Beibehaltung der
Masse, Änderung der Festigkeitseigenschaften während eines Vor-
gangs und elastische Rückfederung der Werkstücke nach einem
Vorgang wesentliche Merkmale sind. Weiter sind die benötigten
Kräfte, Arbeiten und Leistungen sehr viel größer als z.B. bei
spanenden Verfahren. Die sichere Beherrschung eines Verfahrens
in der industriellen Fertigung und die zunehmende Forderung
nach Vermeidung bzw. Minimierung spanender Nacharbeit erzwingen
die geschlossene Betrachtung des Systems "Umformende Fertigung"
unter zentraler Berücksichtigung plastizitätstheoretischer,
werkstoffkundlicher und tribologischer Grundlagen.

Das Institut für Umformtechnik der Universität Stuttgart stellt
entsprechend Forschung und Entwicklung zum einen auf die Erarbeitung von Grundlagenwissen in diesen Bereichen ab, zum anderen
untersucht und entwickelt es Verfahren unter Anwendung speziel-
ler Meßtechniken mit dem Ziel einer genauen quantitativen Ermittlung des Einflusses der Parameter von Vorgang, Werkstoff,
Werkzeug und Maschine. Die Behandlung von Problemen des Maschi-
nenverhaltens, der Maschinenkonstruktion sowie der Werkzeugauslegung und -beanspruchung, der Auswahl hochbeanspruchbarer,
verschleißfester Werkzeugbaustoffe und schließlich der Tribo-
logie gehört entsprechend ebenfalls zum Arbeitsgebiet, das
durch die Erfassung organisatorischer und betriebswirtschaft-
licher Fragen abgerundet wird.

Im Rahmen der "Berichte aus dem Institut für Umformtechnik" erscheinen in zwangloser Folge jährlich mehrere Bände, in denen
über einzelne Themen ausführlich berichtet wird. Dabei handelt
es sich vornehmlich um Abschlußberichte von Forschungsvorhaben,
Dissertationen, aber gelegentlich auch um andere Texte. Diese
Berichte sollen den in der Praxis stehenden Ingenieuren und
Wissenschaftlern zur Weiterbildung dienen und eine Hilfe bei
der Lösung umformtechnischer Aufgaben sein. Für die Studieren-
den bieten sie die Möglichkeit zur Vertiefung der Kenntnisse.

den bieten sie die Möglichkeit zur Vertiefung der Kenntnisse.
Die seit zwei Jahrzehnten bewährte freundschaftliche Zusammenarbeit mit dem Springer-Verlag sehe ich als beste Voraussetzung
für das Gelingen dieses Vorhabens an.

                              Kurt Lange

Vorwort

Diese Arbeit entstand während meiner Tätigkeit als wissenschaftlicher Mitarbeiter am Institut für Umformtechnik, Stuttgart.

Herrn Prof. em. Dr.-Ing. Dr.h.c. K. Lange danke ich für sein Vertrauen und seine wohlwollende Förderung dieser Arbeit.

Herrn Prof. Dr.-Ing. K. Langenbeck bin ich für die eingehende Durchsicht der Arbeit und die damit verbundenen Hinweise zu Dank verpflichtet.

Mein Dank gilt ferner allen Mitarbeiterinnen und Mitarbeitern des Instituts für Umformtechnik, allen voran Frau A. Roos für die EDV-technische Unterstützung und Herrn Dipl.-Ing. E. Körner für tatkräftige Mitarbeit und kritische Diskussion. Ebenso danke ich Herrn H.-P. Rothmund und den Studien- und Diplomarbeitern, die durch ihre Hilfe zum Gelingen der Arbeit beigetragen haben.

Weiterhin möchte ich Herrn Prof. Dr.-Ing. R.Geiger von der Press- & Stanzwerk AG, Herrn Dr.-Ing. Hirschvogel von der Hirschvogel Umformtechnik GmbH und Herrn Dipl.-Ing. Schmidt von der K. Sieber Fabrik für Umformwerkzeuge GmbH sowie allen Beteiligten dieser Firmen für die bereitwillige Unterstützung und gute Zusammenarbeit danken.

Die Mittel zur Durchführung dieser Arbeit wurden von der Forschungsgesellschaft Umformtechnik mbH und von den oben erwähnten Firmen zur Verfügung gestellt. Hierfür sei an dieser Stelle ebenfalls gedankt.

Ludwigsburg, Mai 1991

Wolfgang Makosch

<u>Inhaltsverzeichnis</u>

Seite

Begriffe und Abkürzungen

AGL	Applicon Graphics Language (grafische Programmiersprache)
AGZ	Abstreckgleitziehen
APT	NC-Programmiersprache
ASCII	American Standard Code for Information Interchange (Binärcode zur Zeichendarstellung)
AutoCAD	2D-CAD-System (Autodesk)
BACIS	grafische Programmiersprache
BASIC	Programmiersprache
Batchbetrieb	Stapelverarbeitung (Programmlauf ohne Benutzerdialog)
BEM	Boundary-Elemente-Methode
BRAVO 3	3D-CAD/CAM-System (Applicon-Schlumberger)
C	Programmiersprache
CA	Computer Aided
CAD	Computer Aided Design
CADAD	CAD-Programm für Zusammenbauzeichnungen (RWTH Aachen)
CADBAS	CAD-Beratung, -Anwendung, -Software GmbH
CADED	Konstruktionssystem für Fließpreßwerkzeuge (TU Dresden)
CAM	Computer Aided Manufacturing
CAP	Computer Aided Planning
CAQ	Computer Aided Quality Assurance
CEFSGEN	Cold Extrusion Forming Sequence Generator
CIM	Computer Integrated Manufacturing
CLDATA	Cutter Location Data (neutrale Steuerdaten für Werkzeugmaschinen)
COMPACT	NC-Programmiersprache
DB	Datenbank
DCL	Digital Command Language (System-Programmiersprache)
DETAIL 2	2D-CAD-System für Rotationsteile (RWTH Aachen)
DIAKLID	2D-CAD-System (Fides)
DIN	Deutsches Institut für Normung e.V.
EDV	Elektronische Daten-Verarbeitung
EUCLID-IS	3D-CAD/CAM-System (Matra Datavision)
EUKLID	3D-CAD/CAM-System (Fides)
EXAPT	CAM-System (EXAPT-Verein)
FEM	Finite-Elemente-Methode
FMEA	Fehlermöglichkeits- und -Einfluß-Analyse

FORTRAN 77   Programmiersprache

GRAPL, GRIP   grafische Programmiersprachen

Hardware   materielle Teile eines EDV-Systems

HB   Brinell-Härte

HRC   Rockwell-Härte C (kegeliger Eindringkörper)

HVFP   Hohl-Vorwärts-Fließpressen

IAGL   Interactive Applicon Graphics Language (grafische
                    Programmiersprache)

ICEM   2D/3D-CAD/CAM-System (Control Data)

ICFG   International Cold Forging Group

IGES   Initial Graphics Exchange Specification (neutrales CAD-
                    Datenformat)

KI   künstliche Intelligenz

KONWERKA   CAD-Anwendungssystem für Kaltfließpreßwerkzeuge
                    (Institut für Umformtechnik Stuttgart)

LB   Library (Zeichnungsbibliothek)

LISP   Programmiersprache, geeignet für KI-Anwendungen

ME-10, ME-30   2D/3D-CAD-System (Hewlett Packard)

MS-DOS   Betriebssystem für Personal Computer

NC   Numerical Control

NKS   Normteil-Kernsystem (CADBAS)

NOMATRIZ   Programm zur Auslegung von Matrizenverbänden (Institut
                    für Umformtechnik, Stuttgart)

NRFP   Napf-Rückwärts-Fließpressen

OT   Oberer Totpunkt der Pressenbewegung

PADL   3D-CAD-System

PASCAL   Programmiersprache

PC   Personal Computer

PL/1   Programmiersprache

PPS   Produktions-Planungs-System

PROREN 1   2D-CAD-System (Isykon)

RID   Rechnerinterne Darstellung von Geometrie

Software   Programme eines EDV-Systems

STEP   Standard for Exchange of Product Model Data (neutrales
                    CAD-Datenformat)

UT   Unterer Totpunkt der Pressenbewegung

VAX   Rechner-Familie (Digital Equipment)

VDA-FS   Verband Deutscher Automobilhersteller - Flächenschnitt-
                    stelle (neutrales CAD-Datenformat)

VDA-IS	Verband Deutscher Automobilhersteller - IGES-Subset (neutrales CAD-Datenformat)
VDA-PS	Verband Deutscher Automobilhersteller - Programmschnittstelle (systemneutral)
VDI	Verein Deutscher Ingenieure
VDMA	Verband Deutscher Maschinen- und Anlagenbauer
VMS	Rechner-Betriebssystem (Digital Equipment)
VRFP	Voll-Rückwärts-Fließpressen
VVFP	Voll-Vorwärts-Fließpressen
2D	2-dimensional
3D	3-dimensional

0   <u>ZUSAMMENFASSUNG</u>

Nach den Großbetrieben der Automobil- und Flugzeugindustrie begannen in jüngster Zeit - nicht zuletzt auf Drängen ihrer Kunden hin - auch die kleinen und mittelständischen Betriebe der Umformtechnik mit der Einführung von CAD-Systemen.

Anwendungsorientierte CAD/CAE-Module für die Massivumformtechnik werden von CAD-Systemanbietern bisher nicht angeboten. Die Lücke, die es hier zu schließen gilt, ist die Integration von umformspezifischen Technologiemodulen in leistungsfähige CAD-Basis-Systeme.

Aufbauend auf dem CAD/CAM-System BRAVO3 von APPLICON-Schlumberger wurde das umformspezifische Programmsystem KONWERKA zur **Kon**struktion von **Werk**zeugen zum **Ka**ltmassivumformen von Rotationsteilen auf Ein- und Mehrstufenpressen entwickelt. Die Funktionalität des Basis-Systems bleibt dabei in vollem Umfang erhalten und kann ergänzend genutzt werden.

Ziele sind die Erstellung von fertigungsgerecht vermaßten Einzelteil-, Baugruppen- und Zusammenbauzeichnungen der Werkzeugsätze und Stadienpläne, die Berechnung von Umformkräften und Werkzeugbelastungen sowie die Auslegung und Nachrechnung von Matrizenverbänden und Preßstempeln. Dabei soll die gewohnte Arbeitsweise des Konstrukteurs - Detaillierung ausgehend von der Zusammenbauzeichnung - unterstützt werden und ein hohes Maß an Flexibilität bei geringem Bedienungsaufwand erreicht werden. Weitere wesentliche Gesichtspunkte sind die konsequente Weiterverwendung von eingegebenen Daten sowie die Sicherung einer einheitlichen und fehlerfreien Geometriedatenstruktur zur Weiterverarbeitung in nachgeschalteten Systemen.

Die **Werkstückgeometrie** (Stadienplan) kann interaktiv mittels geometrischer Grundelemente wie Zylinder, Kegel, Torus oder über eine Konturdatenschnittstelle beschrieben werden. Anschließend sind Volumenberechnungen und ein Volumenabgleich zwischen den Stadien möglich. Über die Schnittstelle kann auch ein externes Stadienplanungssystem angeschlossen werden.

In einer Zeichnungsbibliothek stehen zunächst 13 verschiedene **Werkzeugeinbauräume** gängiger Kaltumformpressen mit Hauptabmessungen und technischen Daten zur Auswahl. Ein Verwaltungsprogramm unterstützt das Abrufen der Zeichnungen und der Pressendaten sowie das Erstellen weiterer Einbauräume.

Zur **Konstruktion der Werkzeuge** wurden, nach einer Analyse von Werkzeugen aus der betrieblichen Praxis, für ca. 50 häufig benötigte Bauteile dialoggesteuerte Variantenprogramme entwickelt. Die Palette der Matrizen umfaßt neben radial vorgespannten auch horizontal geteilte Matrizen mit axialer Vorspannung sowie Matrizen mit Einsätzen. Die Stempeltypen decken alle gängigen Fließpreßverfahren ab. Der Aufruf der Programme erfolgt grundsätzlich von der Zusammenbauzeichnung aus. Für die Dateneingabe stehen vom System vorgeschlagene betriebsinterne Normwerte, Möglichkeiten zum Abgreifen von Anschlußmaßen an vorhandener Geometrie, Berechnungsoptionen oder die freie Eingabe über Tastatur zur Auswahl. Zusätzlich wird der Benutzer durch die Einblendung der entsprechenden Grundvariante mit allen freien Parametern grafisch unterstützt. Bei Aktivwerkzeugen wird eine komplett bemaßte Fertigungszeichnung erstellt. Werkzeugwechselteile werden durch einen Texteintrag in Form einer Sachmerkmalsleiste gekennzeichnet, in der die gewählten Parameterwerte abgelegt sind. Die Geometriemodelle der Einzelteile oder kompletter Baugruppen werden nach der Erzeugung im Einbauraum plaziert.

Da durch Variantenprogramme allein nicht sämtliche beim Kaltmassivumformen auftretenden Werkzeugkonturen abgedeckt werden können, ermöglicht ein zusätzlicher Programmodul die Anpassung der formgebenden Konturen von Matrizen und Stempeln an das Werkstück, indem Konturbereiche vom Werkstück als Teilkonturen in das Werkzeug übernommen werden. Das interaktive Trimmen und Ergänzen dieser Konturbereiche bis hin zur komplett vermaßten Zeichnung wird durch Hilfsfunktionen unterstützt, wobei auch Konturkorrekturen zur Kompensation von elastischen Verformungen beim Umformen möglich sind. Dadurch werden die Flexibilität des Programmsystems und das abgedeckte Formenspektrum erheblich vergrößert.

Die **Berechnung** der Aktivwerkzeuge sowie der Umformkräfte und Werkzeugbelastungen erfolgt nach neueren Vorschlägen aus der Literatur, die in weiterentwickelter Form implementiert wurden. Geometriedaten werden über Schnittstellen aus dem CAD-System übernommen, Werkstoffdaten können aus einer angekoppelten Datenbank für Werkzeugwerkstoffe gewählt werden. Die Berechnungsprogramme sind systemneutral und somit auch unabhängig vom CAD-System lauffähig.
Die Konzeption der Anwendungsmodule ermöglicht eine modulare Erweiterung und berücksichtigt die Integrationsfähigkeit in eine zukünftige CIM-Umgebung. Mittel und Wege hierzu werden abschließend dargestellt.

Durch den Einsatz von anwendungspezifischen CAD-Systemen in der Werkzeugkonstruktion kann eine Reihe von Verbesserungen erreicht werden: Die
Konstruktionsgeschwindigkeit steigt durch die Variantenprogramme mit ihrer
problemorientierten Benutzerführung, sowie durch den Rückgriff auf vorhandene Daten. Die Erhöhung der Konstruktionssicherheit wird gewährleistet
durch genaue Volumenabgleiche, die automatische Berücksichtigung firmeninterner Normen und Richtlinien und die Möglichkeit, den automatisierten
Teiletransport bei Mehrstufenpressen auf Kollisionsfreiheit zu überprüfen.
Die Konstruktionsqualität wird deutlich erhöht durch die Möglichkeit,
exakter zu konstruieren und aufwendigere Berechnungsmethoden einzubezie-
hen. Nicht zuletzt wird die Durchgängigkeit der Daten zur Arbeitsvorbereitung und Fertigung gewährleistet und somit die Durchlaufzeit in der
Produktion verringert.

Mit einem an die Erfordernisse der Werkzeugkonstruktion angepaßten
CAD/CAM-System, wie in dieser Arbeit am praxisorientierten Beispiel aufgezeigt, ist auch in der stark mittelständisch geprägten Kaltumformin-
dustrie ein wirtschaftlicher CAD-Einsatz nach kurzer Anlaufphase zu
erreichen.

1 EINFÜHRUNG

Die Zulieferindustrie, zu der auch die umformtechnischen Betriebe zählen, sieht sich in besonderem Maße den immer rascher sich wandelnden Kundenwünschen ausgesetzt. Die sich hieraus ergebenden Konsequenzen sind im wesentlichen:

- wachsende Typenvielfalt bei sinkenden Losgrößen,
- höhere Präzision bei größerer Komplexität,
- kürzere Entwicklungszeiten,
- geringere spanende Nachbearbeitung,
- steigender Kostendruck.

Da die umformende Fertigung formgebundene Werkzeuge benötigt, schlagen diese Anforderungen in gleicher Weise auf den Umformwerkzeugbau durch. Betriebsintern ergibt sich zusätzlich die Notwendigkeit einer möglichst späten Werkzeugherstellung, um Änderungskosten zu vermeiden [1].

Um bei kürzer werdenden Arbeitszeiten gegenüber Mitbewerbern am Markt bestehen zu können, greifen Umformbetriebe in zunehmendem Maß auf die Hilfe von Rechnern in Konstruktion und Fertigung zurück. Während die umformende Fertigung bedingt durch die starre Bindung der Werkzeugform an das Werkstück einer flexiblen rechnergeführten Fertigung schlecht zugänglich ist, bietet sich die rechnerunterstützte Werkzeugkonstruktion besonders von Schneid- und Fließpreßwerkzeugen an. Bei beiden Werkzeugarten ist eine hohe Anwendungshäufigkeit und damit Rentabilität für eine entsprechende Software-Entwicklung gegeben.

Zwar stellt eine Konstruktionsabteilung für Umformwerkzeuge einen prinzipiell heuristisch geprägten Unternehmensbereich dar, es läßt sich aber bei diesen Werkzeugen ein Großteil der Werkzeugkomponenten normieren. Die eigentliche immer neu zu lösende Konstruktionsaufgabe besteht darin, die Aktivelemente des Werkzeugsatzes auf die jeweilige Fertigungsaufgabe hin auszulegen und die übrigen Werkzeugelemente aus dem genormten Spektrum passend zusammenzustellen [2]. Ein Rationalisierungspotential für den Rechnereinsatz ist hierbei immer dann gegeben, wenn aufgrund der Erfordernisse am Werkzeug vollständige Zeichnungen unerläßlich sind. Bei einfachen Werkzeugen erfolgt dagegen in eher handwerklich orientierten Betrieben die Werkeugherstellung oftmals nach Handskizzen und mündlichen Anweisungen.

Trotz dieser offenbar günstigen Voraussetzungen kam der Einzug der CA-Techniken im Umformwerkzeugbau erst verhältnismäßig spät. Dies liegt daran, daß die hohen Investitionen ein beträchtliches unternehmerisches Risiko darstellen und die Einführung von CAD/CAM einen erheblichen organisatorischen und technologischen Strukturwandel nach sich zieht, was insbesondere für die überwiegend klein- und mittelständischen Umformbetriebe nicht unproblematisch ist [3]. Zudem hat die Erfahrung aus anderen Branchen gezeigt, daß CAD als bloßer Ersatz des Reißbretts nicht zu den gewünschten Einsparungen führt [4].

Es gilt also, die besonderen Fähigkeiten des Rechners gezielt einzusetzen und zu fördern, nämlich die rasche, fehlerfreie Abarbeitung sich wiederholender algorithmierbarer Aufgaben sowie die vielseitige Weiternutzung vorhandener Datenbestände. Dies gelingt nur durch eine anwendungsorientierte Vorbereitung des CAD-Einsatzes, indem das branchenneutral gelieferte CAD-System durch technologische Module ergänzt wird [5].

2   AUSGANGSITUATION UND ZIELSETZUNG

2.1 Leistungsstand käuflicher CAD-Systeme

Derzeit befinden sich die rechnerunterstützten Methoden der Konstruktion (CAD), der Arbeitsvorbereitung (CAP) und der Fertigung (CAM) in einer intensiven Phase der Entwicklung und Einführung in die Industrie. Der Trend geht dabei zu kostengünstigen Einstiegssystemen, die für Mittel- und Kleinbetriebe interessant sind. Dies trifft auch für den Bereich der rechnerunterstützten Konstruktion von Werkzeugen in der Umformtechnik zu.

Das Spektrum der auf dem Markt angebotenen CAD-Systeme ist inzwischen sehr groß und kann deshalb hier nicht erschöpfend abgehandelt werden. Eine Übersicht über die Leistungsmerkmale bieten die von Zeit zu Zeit erscheinenden Marktübersichten, z.B. [6; 7] sowie die Standardwerke der CAD-Literatur [8 - 11]. In [12; 13] wird ebenfalls auf den Leistungsstand heutiger CAD-Systeme eingegangen.

Zusammenfassend kann gesagt werden, daß die etablierten CAD-Systeme heute einen hohen technischen Stand erreicht haben und den Konstruktionsprozeß, soweit es die 2D-Zeichnungserstellung betrifft, sehr gut unterstützen. Im 3D-Bereich sind neben funktionalen Erweiterungen vor allem Verbesserungen an Benutzerfreundlichkeit und Antwortzeitverhalten erforderlich. Weiterhin werden unter dem CIM-Begriff Kopplungen zu weiteren Bereichen (CAM, CAP, CAQ, PPS, etc.) angestrebt und teilweise auch schon angeboten, die aber für viele Anwender bis heute eher Schlagworte sind. Zusätzlich ist festzustellen, daß die käufliche CAD-Technik dem Konstrukteur für die optimale Auslegung seiner Konstruktion (z.B. von Werkzeugen der Umformtechnik) keine ausreichende Unterstützung bieten kann. Aus diesem Grund und aus wirtschaftlichen Erwägungen ergibt sich für den Anwender der Wunsch nach Kopplung bzw. Integration von am Markt erhältlichen CAD-Systemen mit anwendungsspezifischen technologieorientierten Programmbausteinen.

Solche angepaßten Systeme werden von den CAD-Anbietern und einschlägigen Softwarehäusern nur für größere Branchen entwickelt, wie z.B. für Elektrotechnik, Architektur, Anlagenbau, Kunststoffspritzguß etc. Für den Bereich Umformtechnik stellen einige namhafte Systeme einen Baustein für die Blechbiegeumformung zur Verfügung, der es erlaubt, für Blechbiegeteile die ebene Platinengeometrie, gestreckte Längen, Rückfederung, Biegespannungen etc. zu ermitteln, die Biegefolge grafisch zu simulieren sowie Daten für NC-Schneidsysteme auszugeben [14]. Darüber hinausgehende Anwendungen müssen jedoch vom Anwender selbst, ggf. in Zusammenarbeit mit Softwarehäusern oder Universitäten, entwickelt werden. Beispiele solcher Entwicklungen sind in [15; 16] beschrieben.

2.2 Stand der CAD-Anwendung für Werkzeuge der Massivumformung

Auf dem Gebiet der Umformtechnik sind CAD-Anwendungsfälle zunächst aus einigen Großbetrieben im Bereich der Schneid- und Biegebearbeitung von Blechen bekannt geworden [17]. Diese Entwicklungen werden nun zunehmend auf das Ziehen unregelmäßiger Blechteile ausgedehnt [18]. Der Industriezweig der Massivumformung wird jedoch von kleinen und mittelständischen Betrieben geprägt, für die der Einstieg in die CAD-Technologie mit verhältnismäßig hohen Investitionen und zusätzlichem Personalaufwand verbunden ist. Zudem erfordert die geringe umformspezifische Ausrichtung der Systeme für einen wirtschaftlichen Betrieb erhebliche Vorarbeiten. Daher wurden erst verhältnismäßig spät Beispiele angepaßter CAD-Systeme für die Kalt- und Warmmassivumformung bekannt. Hierbei handelt es sich meist um Lösungen zur Unterstützung der Konstruktion und Berechnung der Umformwerkzeuge; selten wurde bislang das sehr komplexe Gebiet der Stadienplanauslegung - wenn auch nur ansatzweise - abgedeckt.

Einige der spezifischen Konstruktionssysteme für die Kaltumformung stellen eigenständige Komplettlösungen mit begrenztem Einsatzbereich und Bedienungskomfort dar [19; 24; 31; 34]. Andere basieren auf einem käuflichen CAD-System [22; 23; 26-30; 35] und bieten somit die volle Funktionalität eines modernen CAD-Systems verbunden mit der Möglichkeit der Integration angrenzender CA-Bereiche zur Weiternutzung der Konstruktionsdaten. Außerdem partizipieren diese Lösungen an der Entwicklungskapazität des CAD-Anbieters und bleiben somit auf dem aktuellen Stand der CA-Technik. Allen Systemen gemeinsam ist die Beschränkung auf rotationssymmetrische Geometrien bei Werkstücken und Werkzeugen. Die Werkstücke werden meist mittels geometrischer Grundelemente abschnittsweise beschrieben, für die Werkzeuge findet das Variantenprinzip Verwendung. Nachfolgend werden die Arbeiten in chronologischer Reihenfolge vorgestellt:

Als erstes wurden von **Neubert, Voelkner** u.a. Arbeiten zur rechnerunter-

stützten Konstruktion und Fertigung von Kaltfließpreßwerkzeugen durchgeführt [19; 20]. Dabei wird weder ein CAD-System als Basis eingesetzt, noch
erfolgen in irgendeiner Form grafische Ein- oder Ausgaben. Stattdessen
werden anstelle der Zeichnungserstellung vorgefertigte Mutterzeichnungen
der Einzelteile durch Maßeinträge in Parametertabellen ergänzt. Hierbei
ist das Werkzeugspektrum auf die Aktivwerkzeuge für die Verfahren VVFP,
HVFP und NRFP beschränkt, die Matrizen können jedoch nur einfach armiert
sein. Weiterhin können nur Einzelteilzeichnungen erstellt werden. Dafür
ist die nachfolgende NC-Fertigung von Fließpreßstempeln in das Paket
integriert. Die Berechnungsfunktionen basieren auf dem "Datenspeicher
Umformverfahren" [21] und umfassen neben der Belastung und Dimensionierung
der Werkzeuge auch die Bestimmung von Vorgangskenngrößen, wie z.B. Umform-
grad, Kraft und Arbeit.

Von **Ilzig** wurde ein anwendungsspezifisches CAD-System auf der Basis des
Systems PROREN 1 vorgestellt, das zur Konstruktion von Napf- und Setzwerk-
zeugen für die Fertigung von Stoßdämpferhülsen verwendet wurde [1; 22].
Das Programm ist nicht modular aufgebaut, die einzelnen Werkzeugteile sind
nur in der vorgegebenen Anordnung zu erstellen. Die Programmpflege, d.h.
Fehlerbehebung, Änderungen und Erweiterungen ist daher sehr umständlich
und fehlerträchtig. Weiterhin ist das Teilespektrum auf spezielle Varianten eingeschränkt, so daß das Programmpaket nicht universell bei der
Kaltmassivumformung eingesetzt werden kann. Nachträgliche interaktive Ein-
griffe an den Zeichnungen sind ebenfalls nicht möglich, da zu den erstellten Zeichnungen kein rechnerinternes Modell angelegt wird. Die hohe
Automatisierung führte zu einem beachtlichen Rationalisierungseffekt, die
mangelnde Flexibilität und fehlende Eingriffsmöglichkeit durch den Anwender beeinträchtigen jedoch die Akzeptanz und Einsatzbreite des Systems.

In [23] stellt **Lee** ein Programm zur 3D-Werkzeugkonstruktion für das VVFP
mit stromlinienförmigen Matrizen vor, basierend auf dem volumenorientierten CAD-System PADL. Die Form der Fließschulter wird nach dem Verfahren
der oberen Schranke hinsichtlich minimalen Kraftbedarfs optimiert, wobei
auch asymmetrische Querschnitte berechnet werden können. Die Werkzeugkon-
tur kann durch eine Kreisbogenapproximation für die NC-Fertigung der
Matrize oder der Erodierelektrode aufbereitet werden.

Die Arbeiten von **Maj** [24; 25] stellen ein Programmpaket zur interaktiven
Erstellung von Werkstück- und Werkzeugzeichnungen für Mehrstufenpressen

und zur Stadienplanermittlung dar. Es ist für einfache PC-Rechner konzipiert und setzt nicht auf ein vorhandenes CAD-System auf. Die Programme befinden sich noch in der Entwicklungsphase. Sie sind bewußt als preisgünstige Lösung für Kleinbetriebe mit eingeschränktem Produktspektrum ausgelegt, bei denen die Werkzeuge häufig nach skizzenhaften Zeichnungen gefertigt werden.

Aufgrund dieses Ansatzes ist der Leistungsumfang stark eingeschränkt. Dies betrifft z.B. die Darstellung der Zeichnungen (nur Umrisse ohne Schraffuren, Sichtkanten und Bemassung) und die fehlende nachträgliche Änderungsmöglichkeit an den Zeichnungen. Weiterhin wird versucht, durch die Verwendung von nur einem ringförmigen geometrischen Grundelement das breite Werkstück- und Werkzeugspektrum der Kaltmassivumformung darzustellen. Dadurch ist bei jedem Beschreibungsschritt eine Reihe von überflüssigen Angaben nötig, da das Grundelement auf den komplexesten Fall ausgelegt ist. Der Werkzeugeinbauraum liegt in parametrisierter Form vor und wird durch Angabe der aktuellen Maße erstellt. Die Werkzeugelemente werden interaktiv über das Grundelement beschrieben und im Einbauraum plaziert. Sie können in Bibliotheken für eine spätere Wiederverwendung abgelegt werden. Für das VVFP und NRFP ist in einfachen Fällen auch eine automatische Konstruktion des kompletten Werkzeugsatzes möglich. Eine Schnittstelle, z.B. zum Stadienprogramm oder zu Berechnungsprogrammen für die Werkzeugauslegung ist nicht vorgesehen.

Der Modul zur Stadienplanermittlung stellt ein eigenständiges Programm dar. Sein Leistungsumfang beschränkt sich auf wellenförmige Vollkörper, wahlweise mit einseitigem Kopf. Die Kontur darf nur aus Zylindern und Kegelabschnitten bestehen, Radien sind nicht erlaubt bzw. müssen durch Polygone angenähert werden.

Ein umfassendes Programmsystem für das Kaltfließpressen auf Mehrstufenpressen wird von **Bariani, Knight** u.a. in internationaler Zusammenarbeit entwickelt [26 - 29]. Es soll Module zur Werkstückbeschreibung, Stadienplanermittlung, Kraft- und Spannungsberechnung, Werkzeugkonstruktion, Kostenabschätzung, NC-Datenerstellung sowie Simulation des Werkstücktransports mit Ableitung der Einstelldaten für Mehrstufenpressen umfassen. Die Programme werden in das CAD-System ICEM integriert.

Die Ermittlung der Stadienpläne geschieht nach einem wissensbasierten

Ansatz. Das System liefert zunächst nur Vorschläge, die von einem erfah-
renen Fachmann noch verfeinert werden müssen. Eine Hilfe hierbei sind die
Berechnungen von Kräften und örtlicher Werkstoffverfestigung für jede Umformstufe. Die Simulation der Ausstoß- und Transportbewegungen mit Kolli-
sionskontrolle erlaubt die Konstruktion der Greiferzangen und die zeit-
liche Abstimmung der Maschinenbewegungen. Dieser Programmteil muß maschi-
nenspezifisch angepaßt werden. Die Programme zur Werkzeugkonstruktion und
Kostenabschätzung liegen noch nicht vor. Das System befindet sich noch in
Entwicklung und ist wegen verschiedener Einschränkungen noch nicht universell einsetzbar.

König, Eversheim u.a. berichten über eine beispielhafte Anwendung von an
Hochschulen entwickelten CAD-Systemen für die Konstruktion von Umformwerkzeugen [30]. Das System DETAIL 2 wird hierbei für Einzelteilzeichnungen
von Rotationsteilen eingesetzt, die Zusammenbauzeichnungen und Stücklisten
der Werkzeuge werden mit dem System CADAD erstellt. Zur Geometriebeschreibung stehen neben den Hauptelementen (Zylinder, Kegel etc.) Nebenelemente
(z.B. Fase, Rundung) und Technologieelemente (Toleranzen, Oberflächenangaben) zur Verfügung. Baugruppen können in Ansichten oder Schnitten
dargestellt werden mit automatischer Klärung der Sichtbarkeit. Der Anschluß von Modulen zur Arbeitsplan- und NC-Datenerstellung ist vorgesehen.

Für das NRFP haben **Shi** und **Dean** ein Programmpaket zur Konstruktion und
Fertigung der Aktivwerkzeuge erarbeitet [31]. Das Werkstück liegt bereits
als Variantenteil vor. Nach Eingabe von Napfabmessungen, Werkstoff und
Rohteildurchmesser erstellt das Programm automatisch Zeichnungen sowie NC-
Lochstreifen für Stempel, Gegenstempel und Matrize, wenn nötig auch für
einen vorausgehenden Stauchvorgang. Die Werkzeuge werden nach ICFG- und
VDI-Empfehlungen ausgelegt [32; 33].

Von **Szabadits** stammt ein weiteres für PC-Rechner entwickeltes System [34].
Es ist speziell auf Befestigungselemente, wie Schrauben und Bolzen, ausgelegt. Die Zeichnungen der Werkstücke und Werkzeugteile sind aus paramet-
risierten geometrischen Grundelementen aufgebaut und in einer Zeichnungsbibliothek abgelegt. Dabei wurde mit Rücksicht auf die Rechner-Klasse eine
sehr kompakte Speicherungsform entwickelt. Aus den Eingaben des Benutzers
errechnet das Programm einen Stadienplan sowie die Kräfte und Umformgrade
für jede Stufe. Dann werden aus der Zeichnungsbibliothek die in Frage
kommenden Aktivwerkzeuge aufgelistet. Für die vom Benutzer gewählten

Bauteile bestimmt das System die aktuellen Abmessungen aller Grundelemente und erstellt bemaßte Zeichnungen. Abschließend empfiehlt das Programm eine der Belastung entsprechende Wärmebehandlung.

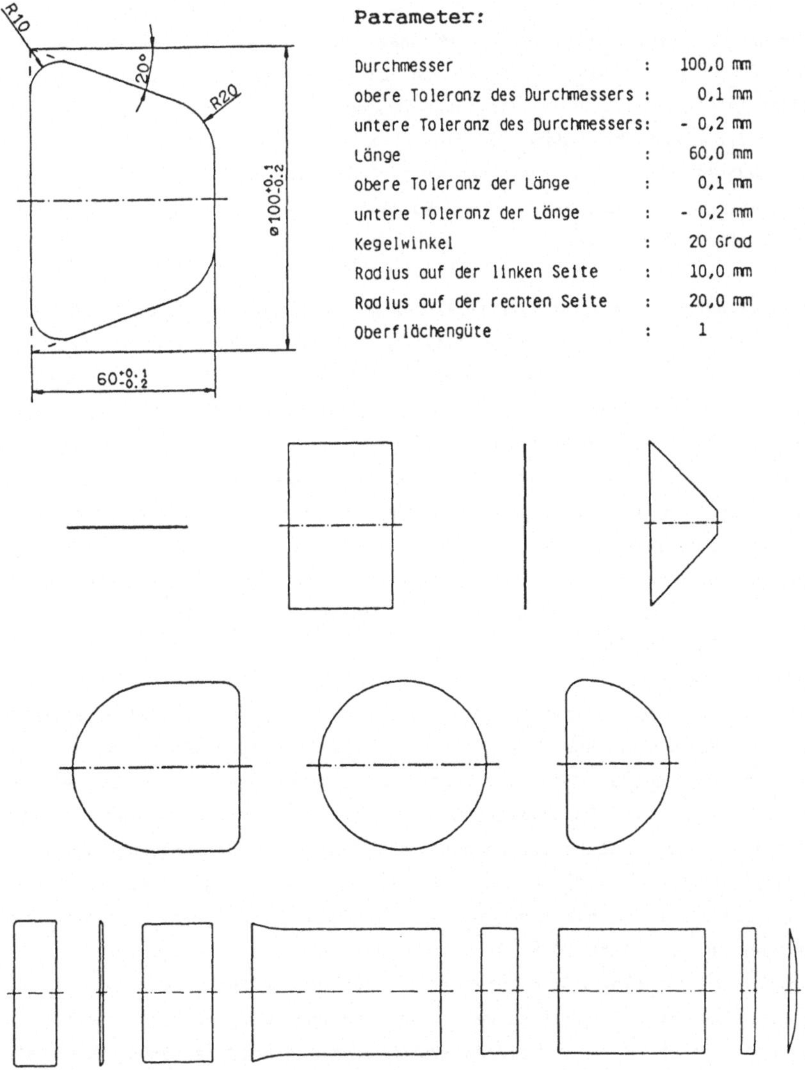

Bild 1: Variationsbreite und Anwendungsbeispiel des geometrischen Grund-
        elements nach [35].

Als vorläufig jüngste Entwicklung für das Kaltmassivumformen stellt **Ilzig** einen zweiten Ansatz auf der Basis von PROREN 1 vor, der die Nachteile der früheren Lösung hinsichtlich Flexibilität und Kontrolle durch den Anwender vermeiden soll [35]. Ähnlich wie bei Maj wird die Geometrie durch Aneinanderreihen eines universellen Grundelements (Kegelstumpf mit Übergangsradien) beschrieben, welches durch Entartung alle benötigten Formen annehmen kann (Bild 1). Der Eingabeaufwand ist dabei erheblich höher als bei dedizierten Variantenprogrammen oder bei mehreren verschiedenen Grundelementen, dafür verringert sich der Programmieraufwand. Außerdem bezieht sich die automatisch erstellte Bemaßung immer auf den einzelnen Abschnitt und muß für eine korrekte Werkstattzeichnung interaktiv nachbearbeitet werden.

Die Eingabewerte werden parallel zum CAD-internen Datenmodell (RID) in einer separaten Datenstruktur abgelegt. Dabei werden auch Maßtoleranzen und Kennzahlen für Werkstoff und Oberflächengüte erfaßt. Dem Nachteil einer doppelten Datenhaltung und den daraus erwachsenden Konsistenzproblemen bei interaktiven Änderungen an der Zeichnung steht als Vorteil eine logische Zuordnung von Technologiedaten zu einzelnen Konturabschnitten gegenüber, die für nachgelagerte Systeme nutzbar ist. Unter Verwendung des Grundelements können auch Variantenprogramme für Einzelteile und Baugruppen geschrieben werden. Das Programm erstellt dabei die externen Datensätze, die zur Zeichnungserstellung durch einen Visualisierungsmodul interpretiert werden.

Als ein Beispiel aus dem Bereich des Warmfließpressens sei eine Entwicklung von **Körner** auf Basis des Systems EUKLID/DIAKLID erwähnt [36; 37]. Das Programmpaket enthält Module zur Beschreibung der Werkstückgeometrie über eine Vielzahl von Formelementen, zur Konstruktion und Berechnung der Werkzeuge, zur Unterstützung der Ermittlung der Vorformgeometrie durch Volumenberechnung und -Abgleich sowie zur Erstellung eines Formenordnungsschlüssels für die Ähnlichteilsuche (Bild 2). Die Werkzeuginnenkontur entsteht aus dem Werkstück durch Anbringen von Auszugschrägen, Verrundungen, Grat- und Ausgleichsräumen sowie Zugaben für Bearbeitung und Schwindung. Diese Arbeitsschritte werden vom Programm wirkungsvoll unterstützt. Weiterhin finden sich bei diesem System erstmals Ansätze für nicht kreisrunde Formelemente.

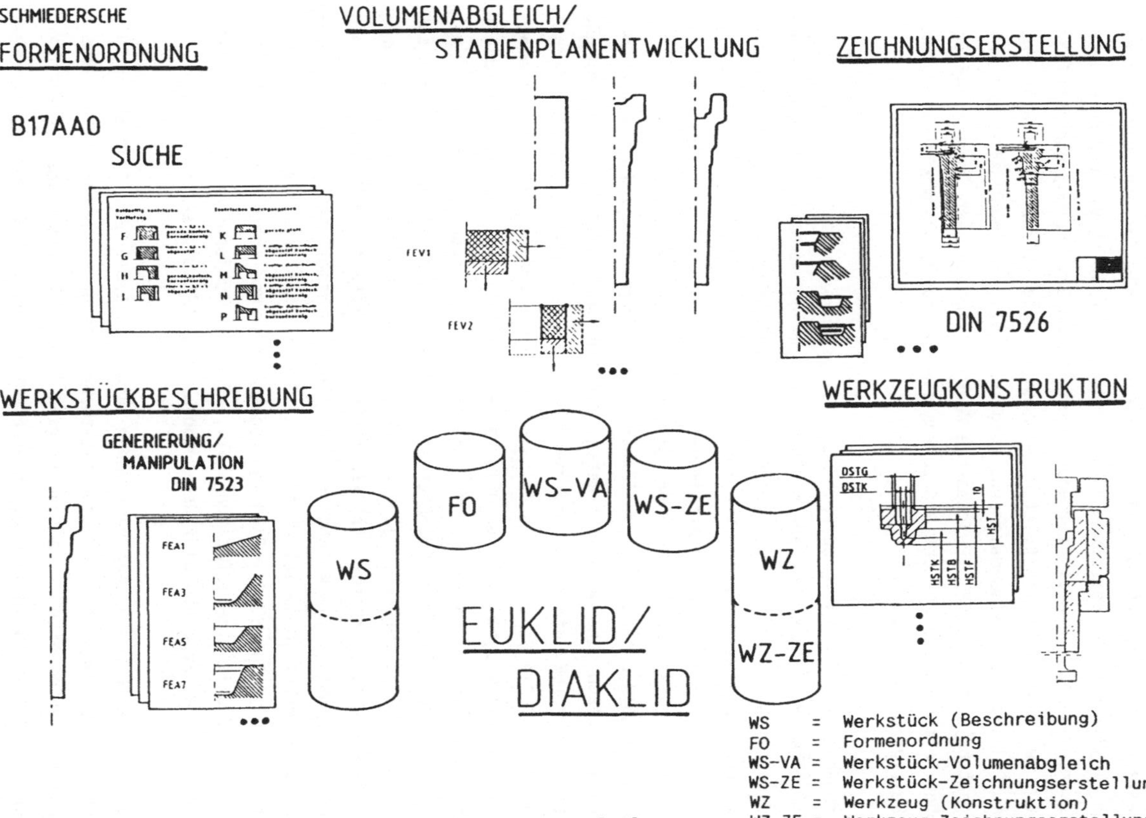

Bild 2: Konstruktionssystem für das Warmfließpressen [37].

Neben den bereits erwähnten Lösungen zur rechnerunterstützten Stadienplanauslegung wurden noch weitere ohne direkte CAD-Anbindung vorgestellt:
Während das Programm von **Rebholz** [38] einen konventionellen prozeduralen
Ansatz verfolgt und nur die wichtigsten Grundregeln für ein eingeschränk-
tes Teilespektrum berücksichtigt, wählte **Sevenler** [39] einen modernen
wissensbasierten Ansatz, der eine schrittweise Erweiterung und Verfeine-
rung des Regelwerks mit relativ geringem Aufwand zuläßt. Ebenfalls nach
dem Prinzip der Wissensverarbeitung arbeitet das von **Du** entwickelte
Expertensystem CEFSGEN, welches die Werkstückkontur nach verfahrenstypi-
schen Formmerkmalen absucht und daraus die technologisch möglichen Umform-
arbeitsgänge ableitet [40].

Unabhängig von der Verfügbarkeit von CAD-Systemen verlief die Entwicklung
von reinen Berechnungsverfahren für Werkzeuge und Umformverfahren. **Adler**
und **Walter** stellten für Matrizen mit beliebig vielen Armierungen Gleichun-
gen für Spannungs- und Verschiebungsberechnungen nach der elementaren
Theorie auf [41]. Diese Arbeit ist wesentliche Grundlage für die VDI-
Richtlinie 3186 [42]. Rechnerprogramme nach diesem Verfahren sind für
verschiedene Rechnerklassen verfügbar [43]. In der Untersuchung von **Krämer**
wurden einfach und doppelt armierte Matrizen mit zylindrischer Bohrung
mittels der FEM untersucht und die Zusammenhänge in Nomogrammform dargestellt [44]. Die Belastungsverhältnisse sind hierbei gegenüber der elementaren Theorie wesentlich realistischer angesetzt. **Neitzert** weitete diese
Untersuchungen der Spannungsverläufe im Schrumpfverband auf Matrizen mit
Schulter aus [45]. Die VDI-Richtlinie 3176 in ihrer Neufassung geht auf
diese Ergebnisse zurück [46]. Für eine manuelle Anwendung sind diese Nomogramme wegen ihrer Komplexität wenig geeignet. Eine erste Umsetzung in ein
Rechnerprogramm ist im wesentlichen nur für die Nachrechnung von vordimen-
sionierten Matrizen im Batchbetrieb auf Großrechnern ausgelegt. Ergänzend
untersuchte **Kling** den Einfluß von mechanischer und thermischer Beanspruchung auf die Matrizenaufweitung [47]. Für die Auslegung von Kaltumform-
matrizen sind Temperatureinflüsse jedoch vernachlässigbar.

Die Festigkeit von Fließpreßstempeln wurde von **Erben** und **Goldhan** untersucht [48]. Das von ihnen erarbeitete Berechnungsverfahren ist in Nomogrammform aufbereitet. Es fand Eingang in den "Datenspeicher Umformverfahren" [21] sowie in vereinfachter Form in die ICFG-Empfehlungen [49].
Abgesehen vom bereits erwähnten System CADED [19] steht für die betrieb-
liche Praxis bislang keine Rechnerunterstützung zur Verfügung.

Zur Berechnung von Umformkräften und anderen Verfahrenskenngrößen liegen zahlreiche Veröffentlichungen vor. Zusammenfassende Darstellungen sind in [50; 51] enthalten. Ein neueres Verfahren zur Kraftberechnung, das eine Vielzahl von Einflußfaktoren erfaßt, wurde von **Marx** vorgestellt [52; 53]. Für die manuelle Anwendung ist es aufgrund vieler Einzeldiagramme und Formeln zu aufwendig, weshalb es bisher in der Praxis wenig Beachtung gefunden hat. Die Methode wurde ebenfalls in den "Datenspeicher Umformverfahren" [21] aufgenommen.

Erwähnt werden sollen in diesem Zusammenhang auch die zahlreichen Anwendungen der FEM und in jüngster Zeit auch der BEM auf die Analyse von Umformverfahren und Werkzeugen, z.B. [54 - 57]. Diese Programmpakete stellen zunächst Insellösungen ohne CAD-Anbindung dar.

Das weitgehende Fehlen kommerziell vertriebener Lösungen für die Umformtechnik hat zu einer Reihe von Ansätzen für die Rechnerunterstützung der Konstruktionstätigkeit mit sehr unterschiedlicher Anwendungsbreite und Tragfähigkeit geführt. Der Einsatz in der industriellen Praxis ist jedoch bis heute entweder nicht erfolgt, oder er war wenig erfolgreich. Eine zeitgemäße Lösung muß vor allem die Belange der Praxis berücksichtigen, sowie die Integrationsfähigkeit in eine zukunftsorientierte CIM-Umgebung.

2.3 Zielsetzung der Arbeit

Ziel der vorliegenden Arbeit ist die Konzeption und Entwicklung eines modularen Systems zur rechnerunterstützten Konstruktion von Werkzeugen für die Kaltmassivumformung als integrationsfähigen Baustein in den gesamtbetrieblichen Daten- und Informationsfluß. Das System ist angesiedelt in den Bereichen Fertigungsplanung und Betriebsmittelfertigung als Voraussetzung zur Produktfertigung.

Es ist ein geeignetes käufliches CAD-System durch technologieorientierte Module so zu erweitern, daß sowohl die Zeichnungserstellung als auch die anfallenden Berechnungen unterstützt werden. Die Funktionalität des Basissystems soll dabei in vollem Umfang erhalten bleiben und ergänzend einsetzbar sein. Die zunehmende Technologiedurchdringung durch spezifische Zusatzmodule bei gleichzeitig verringerter Anwendungsbreite ist in Bild 3 veranschaulicht.

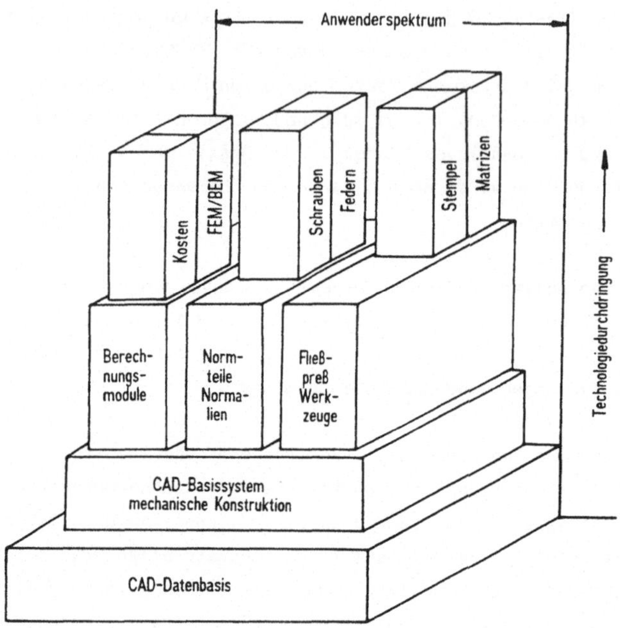

Bild 3: Struktur eines CAD-Systems mit technologischen Zusatzmodulen.

Besondere Aufmerksamkeit ist den gegenläufigen Forderungen nach höchster Flexibilität in der Anwendung bei kleinstmöglichem Bedienungsaufwand zu widmen. Dabei ist auf die Akzeptanz durch den Anwender zu achten. Der Konstrukteur kann durch das System nicht ersetzt werden, er muß vielmehr wirksam unterstützt werden und soll seine Arbeitsweise nicht unnötig umstellen müssen. Beim Systementwurf ist ein hoher Bezug zur Praxis durch intensive Zusammenarbeit mit Partnern aus der Industrie gewährleistet.

Bild 4 gibt eine Übersicht über typische Kaltformteile: In der Kaltmassivumformung herrschen rotationssysmmetrische Werkstückformen vor, häufigste Ausnahme sind regelmaßige Vieleckquerschnitte. Unsymmetrische Formelemente sind umformtechnisch schwer beherrschbar und gewinnen erst allmählich an Bedeutung. Das Konstruktionssystem kann daher zunächst auf kreissymmetrische Werkstück- und Werkzeugformen beschränkt werden.

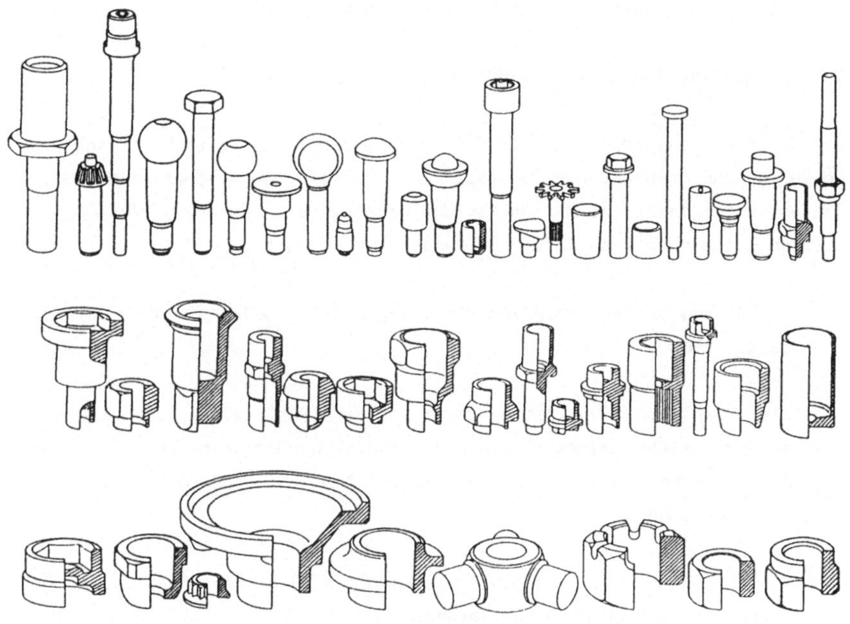

Bild 4: Typisches Teilespektrum kaltumgeformter Werkstücke.

Beim Entwurf von Stadienplänen handelt es sich um ein komplexes Spezialge-
biet, in dem neben algorithmierbaren Regeln sehr viel heuristisches Wissen
benötigt wird. Dieser Bereich soll im Rahmen dieser Arbeit nur insoweit
abgedeckt werden, als CAD-typische Funktionen nutzbar sind und die
Werkzeugkonstruktion unmittelbar davon abhängt. Daneben sind jedoch Inte-
grationsmöglichkeiten für externe Systeme zur Stadienplanung vorzusehen.

3 ANALYSE DER KONVENTIONELLEN WERKZEUGKONSTRUKTION

3.1 Allgemeine Konstruktions-Methodik

Der Konstruktionsprozeß und die Fertigungsplanung lassen sich in eine Reihe von Abschnitten unterteilen [58 - 60]. Diese werden nacheinander durchlaufen, wobei jederzeit ein Rücksprung um eine oder mehrere Stufen möglich ist, um sie mit höherem Informationsstand zu wiederholen.

- Am Anfang stehen die **Aufgabenklärung** und Erarbeitung einer Anforderungsliste.

- Ziel der **Funktionsfindungsphase** ist das Feststellen der kausalen Abhängigkeiten zwischen Eingangs- und Ausgangsgrößen zur Erfüllung der Aufgabe. Die Gesamtfunktion entsteht aus der Verknüpfung von Teilfunktionen.

- In der Phase der **Prinziperarbeitung** erfolgt die Festlegung von Lösungsprinzipien nach der vorgegebenen Funktionsstruktur durch Auswahl aus Konstruktionskatalogen und Methodenbanken, Anwendung mathematischer Methoden, Analyse bekannter Konstruktionen und Nutzung von Tabellenwerten.

  Die beiden letztgenannten Phasen werden zusammen auch als **Konzeptionsphase** bezeichnet.

- In der **Entwurfs- oder Gestaltungsphase** werden die vollständigen Entwürfe durch Ausformung und Dimensionierung der definierten Lösungsprinzipien erstellt. Geometrische Elemente und räumliche Zuordnung ergeben in logischer Verknüpfung die Gestalt. Aus mehreren Gestaltvarianten wird durch Bewertungsverfahren ein endgültiger Entwurf freigegeben.

- Die **Ausarbeitungs- oder Detaillierungsphase** dient der Optimierung der Gestalt und der Erstellung von Einzelteil- und Baugruppenzeichnungen und Stücklisten sowie der Überprüfung auf norm- und fertigungsgerechte Gestaltung.

- Die Phase der **Fertigungsplanung** umfaßt das Festlegen von Fertigungsverfahren, von Rohteil und Arbeitsfolgen sowie von Werkzeugen und Prüfmitteln. Das Erstellen von NC-Programmen fällt ebenfalls in diesen Abschnitt. Abschließend werden Fertigungszeiten und Arbeitswege ermittelt.

3.2 Konstruktionsarten

In Abhängigkeit vom Einstiegspunkt in den Konstruktionsprozeß und von Randbedingungen sind verschiedene Konstruktionsarten zu unterscheiden: Die **Neukonstruktion** umfaßt alle genannten Phasen, während die **Anpassungskonstruktion** mit der Ausgestaltung eines vorliegenden Lösungsprinzips bei veränderten Anforderungen beginnt. Bei der **Variantenkonstruktion** wird ein fertiger Entwurf bei der Detaillierung innerhalb vorgeplanter Grenzen verändert. Werden dabei lediglich Abmessungen variiert, spricht man von **Prinzipkonstruktion**.

In Verlauf des Konstruktionsprozesses nimmt der Anteil der geistig-schöpferischen Tätigkeiten stetig ab, während die routinemäßigen und algorithmierbaren Arbeiten zunehmen. Im selben Maß steigt auch die Programmierbarkeit der Aufgaben an. Für eine wirksame Rechnerunterstützung eignen sich somit besonders die Varianten- und Prinzipkonstruktion. Die Anpassungskonstruktion verlangt bereits sehr flexibel einsetzbare Software-Werkzeuge, während bei einer Neukonstruktion nur Basisfunktionen mit geringem Rationalisierungspotential anwendbar sind.

Nach einer Umfrage aus dem Jahre 1973 treten im Maschinenbau bezogen auf das gesamte Produktspektrum 25% Neukonstruktionen, 55% Anpassungs- und 20% Variantenkonstruktionen auf [61]. Im Werkzeugmaschinenbau beträgt der Anteil der Variantenkonstruktionen bereits 49%, während er im Werkzeug- und Vorrichtungsbau einen noch weit höheren Anteil erreicht. Hier sind die Bedingungen für den CAD-Einsatz daher besonders günstig.

3.3 Bauformen und Aufbau von Kaltumformwerkzeugen

Die Kaltmassivumformung umfaßt in erster Linie die verschiedenen Verfahren
des Fließpressens. Dabei wird nach der Werkstückform zwischen Voll-, Hohl-
und Napf-Fließpressen sowie nach der Stoffflußrichtung zwischen Vorwärts-,
Rückwärts- und Querfließpressen unterschieden. Zwischen den beiden Klassen
ist prinzipiell jede Kombination möglich, die klassischen Fließpreßverfahren sind jedoch das VVFP, HVFP und NRFP. Weitere Verfahren des
Kaltmassivumformens sind das Verjüngen, Stauchen, Prägen, Formpressen und
Abstreckgleitziehen. Für komplizierte Werkstückformen werden auch mehrere
der genannten Verfahren in einer Umformstufe kombiniert [50]. Entsprechend
umfangreich ist das Spektrum der eingesetzten Umformwerkzeuge, das von
einem Konstruktionssystem möglichst vollständig abzudecken ist.

Die Bestandteile der beim Kaltumformen eingesetzten Werkzeugelemente las-
sen sich nach [62; 63] unterteilen in Aktiv- oder Verschleißteile, die der
Formgebung dienen und dem Verschleiß unterliegen, - im wesentlichen
Matrizen, Stempel, Gegenstempel - und in Wechselteile zur Fixierung und
Führung der Werkzeuge im Werkzeughalter. Innerhalb beider Teilegruppen
finden sich parametrierbare Werkzeugteile, die im CAD-System mit Hilfe von
Variantenprogrammen beschrieben werden können [64]. Eine dritte Gruppe
bilden die Grundwerkzeuge oder Grundgestelle, die sich durch eine in-
variante Form auszeichnen. Sie nehmen die Wechselteile auf und verbinden
diese mit Tisch und Stößel der Maschine (Bild 5).

Die verschiedenen Bauformen sowie die Gestaltung von Matrizen und Stempeln
werden ausführlich in [42; 50; 65] behandelt. Ein abgestuftes System von
Wechselteilen ist in [21] enthalten. Bei den Grundwerkzeugen sind vier
verschiedene Bauarten im Einsatz, nämlich ungeführte und säulengeführte
Grundwerkzeuge jeweils mit einzeln oder in Hülsen eingebauten Aktiv- und
Wechselteilen [66].

Grundwerkzeuge ohne Führungselemente zwischen den Werkzeughälften kommen
häufig zur Anwendung, wenn ein Werkzeug einer Umformmaschine fest zugeord-
net ist und in dieser verbleibt. Auch bei geringem Einbauraum und automa-
tisierter Werkstückzuführung wird bevorzugt ein ungeführtes Gestell verwendet. Generell kann auf eine Führung am Werkzeug verzichtet werden, wenn
die Stößelführung der Maschine genauer ist als die kleinste Toleranz am
Werkstück quer zur Pressenbewegung.

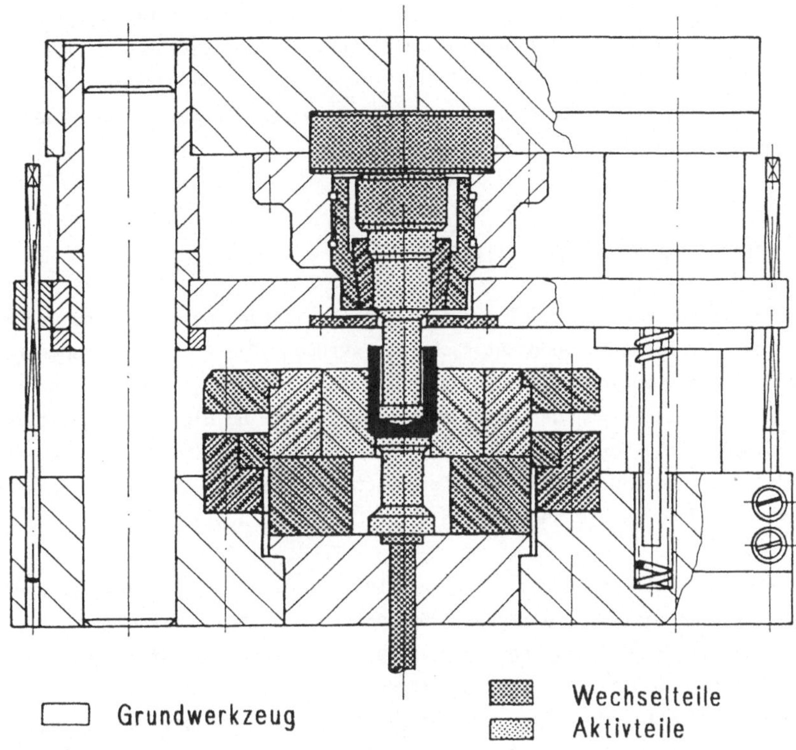

Bild 5: Teilegruppen an Umformwerkzeugen (Beispiel säulengeführtes NRFP-
       Werkzeug).

Säulengeführte Grundwerkzeuge sind beim Kaltfließpressen kleinerer Losgrößen die am häufigsten eingesetzte Bauart. Durch die Führung von Ge-
stelloberteil und Unterteil zueinander entfällt beim Einbau die zeitintensive Zentrierung. Außerdem läßt sich bei Bedarf eine Abstreiferbrücke an
den Säulen integrieren. Größerer Einbauraumbedarf, erschwerte Zugänglich-
keit und damit mögliche Probleme bei der Werkstückzuführung sind die
Nachteile säulengeführter Werkzeuge.

Eine Verkürzung der Werkzeugwechselzeit läßt sich durch den Einbau von
Aktiv- und Wechselteilen in sogenannte Einbauhülsen erreichen, die außerhalb der Maschine vormontiert werden. Nachteilig ist die große erforderliche Einbauhöhe in der Maschine sowie Handhabungsprobleme wegen des hohen

Gewichts. Bei größeren Losgrößen oder beim Einsatz von Mehrstufenpressen finden in der Praxis meist ungeführte Hülsenwerkzeuge Verwendung. Die Zentrierung der Werkzeughälften erfolgt hierbei über die ineinander eintauchenden Werkzeugelemente oder über zusätzliche Zentrierstifte und Paßbohrungen an den Aufspannplatten.

3.4 Ablauf der Werkzeugkonstruktion

Bei der Entwicklung eines Umformteils kann zwischen der Prozeßauslegung und der Werkzeugauslegung unterschieden werden. Die Prozeßauslegung hat zum Ziel, das optimale Fertigungsverfahren zu finden. Sie muß schon bei der Angebotsabgabe weitgehend abgeschlossen sein, um die Fertigungskosten kalkulieren zu können. Ergebnis der Prozeßauslegung sind daher Stadienpläne und die einzusetzende Umformmaschine, welche das erforderliche Kraft- und Arbeitsvermögen jederzeit zur Verfügung stellt.

Die Werkzeugauslegung dient der Bereitstellung der für den jeweiligen Fertigungsprozeß optimalen Werkzeuge. Bei der Werkzeugkonstruktion werden die Einzelteile im Werkzeugeinbauraum entsprechend der Stadienfolge in ihren wesentlichen Abmessungen festgelegt und anschließend detailliert [67]. Nachfolgend sollen diese Vorgänge dargestellt und unter dem Gesichtspunkt einer möglichen Rechnerunterstützung analysiert werden [68].

3.4.1 Erstellung von Stadienplänen und Werkzeugzeichnungen

Hauptinformationsträger für die Fertigung ist eine mit sämtlichen Maßen, Form- und Lagetoleranzen versehene Fertigteilzeichnung, deren Informationsgehalt gegebenenfalls durch zusätzliche Darstellung von Einzelheiten und Schnitten gegenüber der Kundenzeichnung, aus der sie abgeleitet wird, wesentlich erhöht ist. Solche Details sind insbesondere für den Werkzeugbau interessant, da sie maßgeblich die Auslegung der einzusetzenden Umformwerkzeuge beeinflussen.

Form und Maße des zu fertigenden Umformteils ergeben sich aus den Daten des Fertigteils. Von diesem ausgehend wird die fertigungstechnische Entwicklung des Produkts zurück zum Umformteil in Form von Arbeitsgangzeichnungen für wichtige Bearbeitungsschritte auch zeichnerisch nachvollzogen und arbeitsgangspezifisch bemaßt.

Das Umformteil dient der Werkzeugkonstruktion als Ausgangspunkt für die
Ermittlung der Stadienfolge, die von den Daten der eingesetzten Maschine
sowie den umformtechnischen Randbedingungen bestimmt wird. Die einzelnen
Stadien selbst stellen den Ausgangspunkt für die Konstruktion der benötigten Umformwerkzeuge dar.

3.4.2 **Von der Kundenzeichnung zum Umformteil**

Bild 6 zeigt den Informationsfluß von der Kundenzeichnung bis zum
Umformteil als Anknüpfungspunkt zur Werkzeugkonstruktion im Sinne des
angestrebten CAD-Konzepts. Ausgangspunkt für die Herstellung sämtlicher
kundenspezifischen Teile ist die vom Kunden vorgegebene Zeichnung, die das
Teil mit sämtlichen Eigenschaften, wie z.B. Werkstoff, Oberflächenbehand-
lung oder Qualitätsanforderungen, beschreibt.

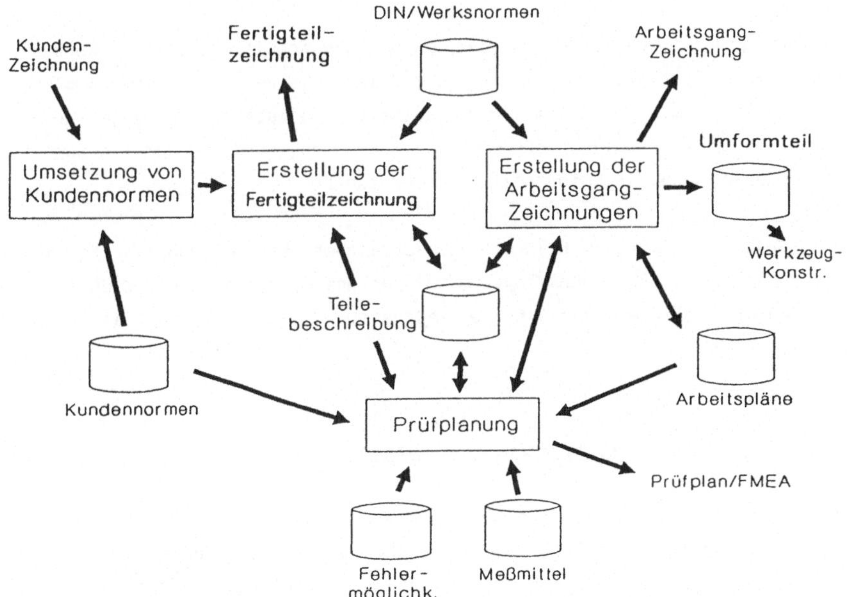

Bild 6: Informationsfluß von der Kundenzeichnung zur Werkzeugkonstruktion
nach [68].

Den ersten Schritt bei der Bearbeitung der Kundenzeichnung stellt die Umsetzung der Kundennormen in werkseigene Fertigungsvorgaben dar, die anschließend in die Fertigteilzeichnung eingearbeitet werden. Dabei sind insbesondere Maße und Toleranzen, die vom Kunden nicht explizit spezifiziert wurden, nach entsprechenden DIN- oder Werksnormen zu ergänzen.

Aufgrund der stark zunehmenden Anzahl der Kundennormen - jeder Automobilhersteller hat z.B. seine eigenen Richtlinien - erfordert die Auswertung der Kundennormen den überwiegenden Anteil des zur manuellen Erstellung einer Fertigteilzeichnung notwendigen Arbeitsaufwandes.

Bei der Zeichnungserstellung kann vorteilhaft ausgenutzt werden, daß eine maßstäbliche Darstellung des Teils, z.B. für die Verwendung in Baugruppenzeichnungen, in der Regel nicht notwendig ist und damit die Verwendung von Mutterpausen von ähnlichen Teilen möglich wird. Lediglich bei vollständig neuen Teilen müssen neue Zeichnungen erstellt werden. Der durchschnittliche zeichnerische Anteil an der Erstellung der Fertigteilzeichnung beträgt daher nur etwa 30%.

Primäres Ergebnis der beiden ersten Bearbeitungsschritte ist die Werkszeichnung des Fertigteils. Sie stellt zusammen mit weiteren Sachmerkmalen des Teils in Form einer EDV-mäßig gespeicherten Teilebeschreibung den Ausgangspunkt zur Erstellung der bereits erwähnten Arbeitsgangzeichnungen dar, zu denen auch die Umformteilzeichnung zählt.

Die Prüfplanung wird in Bild 6 als zusätzlicher Bearbeitungsschritt im Sinne eines eigenständigen Programmoduls dargestellt, der bei manueller Arbeitsweise üblicherweise in die Bearbeitung der Fertigteilzeichnung integriert ist.

3.4.3 Datenfluß bei der Werkzeugkonstruktion

Bild 7 stellt den Datenfluß bei der eigentlichen Werkzeugkonstruktion dar. Ausgangspunkt ist die Beschreibung des Umformteils. Ziel der Werkzeugkonstruktion ist die Bereitstellung von Fertigungsunterlagen für den Werkzeugbau und das Preßwerk in Form von Stadiengangzeichnungen, Werkzeugzeichnungen, Zusammenbauzeichnungen und Werkzeugstücklisten. Dabei greift der Konstrukteur auf Maschinendaten, Materialkennwerte und auch auf

bereits vorhandene Werkzeugkonstruktionen zurück. Es lassen sich folgende
Problemkreise unterscheiden:

- Stadienplanerstellung,
- Zusammenstellung von Werkzeugsätzen,
- Überprüfung des Werkstücktransports,
- Detailkonstruktion von Werkzeugelementen.

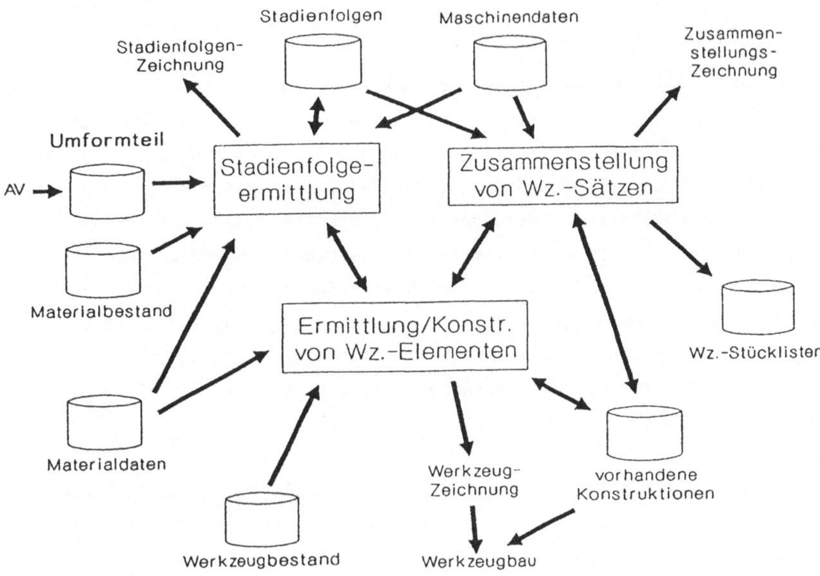

Bild 7: Datenfluß bei der Werkzeugkonstruktion nach [68].

Dabei besteht eine starke datenmäßige Verknüpfung zwischen den aufgeführten Teilbereichen. So bestimmt z.B. der Stadienplan Form und Maße der
Innenkontur der benötigten Umformwerkzeuge, wogegen Außenform und -maße
durch den Einbauraum der eingesetzten Maschine vorgegeben werden.

Aufgrund der geometrischen Ähnlichkeit der produzierten Teile kann bei der
Kaltmassivumformung häufig auf ähnliche Stadienpläne zurückgegriffen werden. Die notwendigen umformtechnischen Berechnungen reduzieren sich dann
auf die Überprüfung der Umformbarkeit und die Einhaltung der Volumenkonstanz für die wesentlichen Teilvolumina. Neben dem Rückgriff auf bereits
vorhandene Stadienfolgen muß eine Unterstützung bei der detaillierten
umformtechnischen Auslegung neuer Teile möglich sein, um eine einheitliche

Bearbeitung sämtlicher Produkte mit einem System zu ermöglichen.

An die umformtechnische Auslegung schließt sich als Endabnehmer der vom Kunden vorgegebenen Daten die eigentliche Werkzeugkonstruktion an. Hier werden die Zusammenbauzeichnung und, bei neuen Werkzeugelementen, auch die zugehörigen detaillierten Fertigungszeichnungen erstellt. Neben der Unterstützung von Zeichenarbeit und Berechnungen bietet sich die Übernahme von Geometriedaten in die NC-Programmierung zur Automatisierung an.

Durch das große Spektrum vorhandener Umformwerkzeuge ist in vielen Fällen eine Abdeckung des Werkzeugbedarfs mit bereits vorhandenen Konstruktionen möglich. Bei diesem Konstruktionsprozeß stellt daher die Suchmöglichkeit nach vorhandenen Werkzeugelementen mit klar definierter Funktionalität eine der wesentlichen Forderungen an den Einsatz eines CAD-Systems dar. Die Suchkriterien sind dabei vom Typ des Werkzeugs abhängig. Wie bereits bei der Stadienplanermittlung ist auch hier für die maschinelle Suche eine werkzeugspezifische Sachmerkmalsleiste für die Werkzeugelemente notwendig, welche die Funktionund die wesentlichen Dimensionen beschreibt. In diesem manuell sehr zeitintensiven Vorgang liegt ein erhebliches Rationalisierungspotential.

Einen ebenfalls nicht unerheblichen Aufwand stellt die manuelle Erstellung einer Stückliste der eingesetzten Werkzeugelemente dar. Diese kann bei entsprechender Verwertung der bei der Konstruktion entstehenden Daten als "Abfallprodukt" ohne großen Mehraufwand anfallen.

Die dargestellten Anforderungen in Verbindung mit den aufgezeigten Datenflüssen lassen die Schlußfolgerung zu, daß im vorliegenden Anwendungsfall eine rein zeichnerische Erfassung der Bauteile ohne anwendungsspezifische Erweiterungen des CAD-Systems für einen rationellen CAD-Einsatz nicht ausreicht.

4 RECHNERGESTÜTZTE WERKZEUGKONSTRUKTION

4.1 Ansatzpunkte für den Rechnereinsatz

Die Analyse der Konstruktion von Kaltumformwerkzeugen macht deutlich, daß
an verschiedenen Stellen des Prozesses Entscheidungen zu treffen sind, die
durch Berechnungen und Informationen fundiert werden müssen: Wichtig für
die Werkzeugauslegung ist die Kenntnis der auftretenden Belastungen und
der Belastbarkeit der einschlägigen Werkstoffe. Weiterhin ist die Aufteilung der gesamten Umformung in Zwischenstufen von Bedeutung. Dazu müssen
die auf das Werkstück wirkenden Kräfte bekannt sein. Die im Werkstoff ört-
lich auftretenden Spannungen und Verformungen sind mit dem Umformvermögen
abzugleichen. Die Entscheidung zwischen mehreren Alternativen wird häufig
aufgrund einer Kostenberechnung gefällt. Für Grundlagenuntersuchungen gewinnt die Prozeßsimulation mit numerischen Methoden zunehmende Bedeutung.

Der Konstrukteur benötigt also Informationen über sämtliche für das jeweilige Umformverfahren relevanten Prozeßgrößen. In Bild 8 sind diese für das
Kaltumformen zu verschiedenen Berechnungsmodulen zusammengefaßt. Es sind
jeweils die Eingabeparameter, die berechneten Größen und die dazu erforderlichen Dateien und Bibliotheken aufgeführt.

Die Berechnung erfolgt in der Praxis häufig überschlagsweise nach einfachen Faustformeln. Genauere Rechenverfahren erfordern einen erheblich
größeren Aufwand und bieten sich für eine Rechnerunterstützung an. Bei den
Modulen "Werkstück" und "Werkzeug" gehen die Ergebnisse unmittelbar in die
zu erstellenden Zeichnungen ein. Sie verdienen daher im Rahmen der
vorliegenden Arbeit besondere Beachtung. Ausgesprochen zeitintensive
Tätigkeiten, wie die Volumenberechnung der einzelnen Werkstückstadien oder
das Detaillieren der Werkzeugzeichnungen bieten für den Rechnereinsatz die
besten Voraussetzungen.

Wird der vorhandene Zeichnungsbestand nach Wiederholhäufigkeit und Ähnlichkeit der Konstruktionen untersucht, so läßt sich der Grad der CAD-
Tauglichkeit der einzelnen Produkte und damit die Erfolgsaussicht bei der
CAD-Einführung ablesen. Kaltumformwerkzeuge bieten hierfür gute Voraussetzungen, da durch Variation einer begrenzten Anzahl modular aufgebauter
Grundkonstruktionen ein großer Teil des üblichen Werkstückspektrums abgedeckt werden kann. Die großteils vorherrschenden einfachen, rotationssym-

metrischen Geometrien gestatten die Algorithmierung von Konstruktionsschritten als Grundlage für die Erstellung von Rechnerprogrammen.

Werkstück	
Eingabe	Werkstück-Abmessungen
Berechnung	Volumen, Werkstoffersparnis gegenüber Spanen
Ausgabe	Zeichnung

Verfahren	
Eingabe	Werkstück-Geo vor u. nach Umformung, Werkstoff, Verfahren
Berechnung	φ, ε, k_f, k_{fm}, F_{max}, W, p_{St}, p_i, α_{opt}, Überprüfung von Verfahrensgrenzen (φ_{max}, ε_{max}, ε_{min}, geom. Verhältnisse, Toleranzen), Werkstücklänge

Werkzeuge		
Eingabe	p_{St}, p_i, Grundvariante, Werkstoff, Werkstück-Geo (Auslegung) bzw. Werkz.-Geo (Nachrechnung)	
Berechnung	Stempel:	Dimensionierung, Festigkeitsnachweis (kreisrund, n-Eck), Stempelhub
	Matrize:	Auslegung (Fugen-ϕ, Haftmaß, p_{imax}), Nachrechnung (σ_v, p_{izul}), Auffederung
	Gegenstempel: Festigkeitsnachweis	
	Auswerfer: Auswerferhub, Mindest-ϕ	
Ausgabe	Einzelteilzeichnungen	

Kosten	
Eingabe	Rohteilabmessungen, Fertig.folge, Werkstoff, Masch.
Berechnung	Rohteil-Herstellkosten, Fertigungskosten f. jede Stufe, Gesamtkosten / Stück

Simulation	
Eingabe	Werkstück-Geo, Werkzeug-Geo, FEM-Netz, Randbedingungen
Berechnung	Stofffluß, Spannungen, Verfestigung, Werkzeugbelastung, Werkzeugverformung

Bild 8: Berechenbare Größen beim Kaltfließpressen.

4.2 Vorgehensweise des Konstrukteurs mit CAD

Bei der Anwendung des Konstruktionssystems KONWERKA bestehen in Abhängigkeit von der gegebenen Ausgangssituation verschiedene Einstiegsvarianten:

- Umformteil gegeben:
  Entwicklung des Stadienplans und zeichnerische Darstellung desselben in einer neuen Konstruktionsdatenbank, dann Wahl einer geeigneten Maschine und Hinzuladen der Einbauraumzeichnung in die vorhandene Datenbank, Plazieren der Stadien im Einbauraum.

- Umformmaschine und Umformteil gegeben:
  Laden der Einbauraumzeichnung der bereits festgelegten Maschine in eine neue Datenbank, dann Entwickeln und Zeichnen des Stadienplans im Einbauraum.

Die weiteren Arbeitsschritte sind für beide Vorgehensweisen im wesentlichen identisch. Nachfolgend soll der Ablauf einer Werkzeugkonstruktion bei Anwendung des Konstruktionssystems beschrieben werden [67; 69]. Beispielzeichnungen zu verschiedenen Arbeitsschritten befinden sich in Kapitel 9.

4.2.1 Stadienplanentwicklung

Grundlage für die Werkzeugauslegung ist der Stadienplan. Dieser wird im Angebotsstadium mit Hilfe eines separaten Systems rechnerunterstützt ausgelegt. Wegen der Komplexität der Aufgabe sind hierfür wissensbasierte Ansätze erfolgversprechend. Die Geometrie des Umformteils wird hierzu programmgestützt im CAD-System beschrieben und ggf. systembedingt vereinfacht über eine Schnittstelle an das externe System übergeben, z.B. ohne Berücksichtigung von Verrundungsradien. Nach der Entwicklung des kompletten Stadienplans wird dieser über dieselbe Schnittstelle wieder ins CAD-System zurückgeführt und, soweit notwendig, weiter detailliert. Von jeder Stufe werden dabei die einzelnen Formelemente zu einem geschlossenen Konturzug zusammengefaßt. Dies bietet Vorteile bei der Konstruktion, Berechnung und Ableitung von Steuerdaten für die Fertigung.

Die Berechnung von Umformkräften und Werkzeugbelastungen ist bei den wichtigsten Kaltumformverfahren auch ohne separates Stadienplanungs-System möglich. Die Ergebnisse dienen bei der Werkzeugauslegung wiederum als Eingabewerte.

Für den stets erforderlichen Volumenabgleich werden einzelne Konturabschnitte selektiert. Ein Programm bildet daraus Rotationsflächen und berechnet deren Volumina, die zusammen mit den entsprechenden Gewichten ausgegeben werden. Sofern nicht tolerierbare Volumenunterschiede auftreten, kann die Geometrie der einzelnen Stadien im Bereich zylindrischer oder kegeliger Geometriebereiche angepaßt werden. Der Konstrukteur wählt dazu den zu manipulierenden Konturabschnitt und gibt das Referenzvolumen ein, auf das der angewählte Bereich abgeglichen werden soll. Das Programm berechnet die Abmessungen des entsprechenden Zylinders oder Kegels neu und erzeugt daraus selbständig die entsprechend korrigierte Kontur. Nachdem der Stadienplan auf diese Weise optimiert worden ist, werden die Konturen über den Teilebeschreibungsmodul zu einem komplett bemaßten Stadienplan ergänzt. Abschließend werden die Konturen zur späteren Verwendung in der Zusammenstellungszeichnung oder für die Auslegung eines ähnlichen Stadienplans abgespeichert.

4.2.2 Werkzeugkonstruktion

Im Laufe des Konstruktionsprozesses muß häufig zwischen dem Basissystem und den Konstruktionsmodulen gewechselt werden. Um dem Benutzer diesen Wechsel und den Aufruf der Anwenderprogramme zu erleichtern, sind die einzelnen Module von KONWERKA in ein Tablettmenü eingebettet. Der Benutzer startet das gewünschte Programm durch Antippen eines Menüfelds und kehrt nach dessen Ablauf ins Basissystem zur aktuellen Zeichnung zurück, um daran interaktiv oder mit Hilfe eines anderen Moduls weiterzuarbeiten.

Bei der Konstruktion der Werkzeugeinzelteile wird von der Zusammenstellungszeichnung im Werkzeugeinbauraum ausgegangen. Dazu ruft der Konstrukteur die Darstellung eines Einbauraums aus einer Zeichnungsbibliothek ab. In dieser Zeichnung findet der Konstrukteur neben der Geometrie der Werkzeugaufnahmen Zusatzinformationen in Form von Maßen, Hilfslinien und technischen Daten, wie Maschinenhub, Auswerferhübe, Lage der Transportebene und Lage des UT. Die zwischengespeicherten Konturen der einzelnen Stadien werden übernommen und so positioniert, daß zunächst die Verhältnisse bei Umformende kontrolliert werden können. Bei der Positionierung im Werkzeughalter müssen die für einen automatisierten Teiletransport wichtigen Randbedingungen beachtet werden. Hierbei können die Funktionen des CAD-Systems zur Translation von Geometrieelementen und zur Abstandsmessung ausgenutzt werden. Auf diese Weise sind auch die Verhältnisse bei Umformbeginn darstellbar.

Zur Abstimmung der Höhen bzw. Längen einzelner Werkzeugteile zeichnet der Konstrukteur temporäre Hilfslinien quer zur Achse der Werkzeugaufnahmen ein, die das System automatisch mit der Höhenkoordinate beschriftet. Diese können zum Abgreifen der Bauteilhöhe bei der Dateneingabe und zur Plazierung des Teils im Zusammenbau herangezogen werden.

Die einzelnen Werkzeugelemente werden ausgehend vom Werkstück hin zur Werkzeugaufnahme ausgearbeitet. Für die Gestaltung und Auslegung bestehen neben den veröffentlichten Erkenntnissen eine Vielzahl firmeninterner Normen und Regeln, in denen sich zugleich auch das "Know-how" zahlreicher Konstrukteure widerspiegelt. Dieses Wissen ist in die Variantenprogramme integriert, so daß auch der weniger erfahrene Konstrukteur bei der Lösungsfindung unterstützt wird und Flüchtigkeitsfehler vermieden werden. Außerdem ist eine Entlastung von Routinearbeiten zu erreichen.

Das gewünschte Variantenprogramm wird vom Benutzer über das Tablettmenü und in Auswahlmasken am Bildschirm angewählt. Auf dem grafischen Bildschirm erscheint die parametrisierte Darstellung des zu konstruierenden Werkzeugs, und es werden die notwendigen Eingaben abgefragt. Soweit für einzelne Angaben entsprechende Erfahrungswerte vorliegen, werden diese dem Benutzer vorgeschlagen. Ein Abweichen von diesen Werten führt zur Ausgabe einer Warnung, in kritischen Fällen wird die Eingabe nochmals angefordert. Sind mehrere verschiedene Eingaben möglich, so werden diese dem Benutzer in Form einer Auswahltabelle angeboten. Werte, die fest genormt sind, können vom Benutzer nicht verändert werden.

Bei den Aktivwerkzeugen besteht außerdem die Möglichkeit, in ein Berechnungsprogramm zu verzweigen, um die gewählte Auslegung nachzurechnen oder um einen Vorschlag für weitere Eingaben zu erhalten. Dabei können die bereits eingegebenen Daten vom jeweiligen Variantenprogramm über eine Schnittstelle übernommen werden. Fehlende Daten werden im Dialog abgefragt. Die zur Berechnung notwendigen Werkstoffkennwerte stehen nach der Werkstoffauswahl automatisch zur Verfügung.

Im Anschluß an die Eingabe der Parameter und eine eventuelle Nachrechnung wird vom Programmodul automatisch die vollständig bemaßte Einzelteilzeichnung erstellt. Zuletzt wird die Einzelteilzeichnung ohne Maße und verdeckte Sichtkanten in die Baugruppen- oder Zusammenstellungszeichnung geladen und an der betreffenden Konstruktionslinie abgesetzt. Bei Wechselteilen werden die eingegebenen Hauptabmessungen in Form einer Sachmerkmalsleiste ans Bauteil angehängt.

Für Aktivwerkzeuge, wie etwa Formstempel, die einerseits parametrierbare Geometriebereiche aufweisen und andererseits der Geometrie einer Stadie entsprechen, erlaubt es ein Programmodul, auch Bereiche der Werkstückkontur für die Werkzeugkonstruktion heranzuziehen. Dabei ist es auch möglich, die Kontur abzuändern, um beispielsweise elastische Verformungen unter Last berücksichtigen zu können oder um Einlauffasen und Freischliffe anzubringen.

5 AUSWAHL EINES CAD-GRUNDSYSTEMS

5.1 Anforderungsprofil und Kriterien

Für die bevorstehende Systementwicklung sollte gemäß den Zielvorgaben ein geeignetes am Markt angebotenes CAD-System gefunden werden. Der erste Schritt bei der Auswahl ist die Erstellung eines Anforderungskatalogs. Zur Bewertung und Auswahl von CAD-Systemen liegen zahlreiche Veröffentlichungen vor, z.B. [9-11; 70-72]. Daher soll abgesehen von einigen grundsätzlichen Aspekten hauptsächlich auf die umformspezifischen Systemfähigkeiten im Hinblick auf den geplanten Anwendungsbereich eingegangen werden.

Ein grundsätzliches Problem bei Investitionen liegt darin, daß die Entscheidung unter den zu einem bestimmten Zeitpunkt herrschenden Marktbedingungen gefällt werden muß. Die stürmische Weiterentwicklung gerade im EDV-Bereich führt jedoch zu kaum abschätzbaren Verschiebungen im Leistungsstand der Systeme. Es gilt vor allem, wesentliche Nutzenkategorien von unwesentlichen zu unterscheiden, d.h. die strategische Bedeutung einzelner Faktoren richtig einzuordnen. So sollten z.B. die Marktpräsenz und das Entwicklungspotential des Systemanbieters entsprechend stark gewichtet werden.

Ebenso problematisch ist die Beurteilung der Wirtschaftlichkeit der CAD-Investition. Neben der einmaligen Anschaffung ist mit beträchtlichen laufenden Kosten zu rechnen, dazu kommen vorbereitende Maßnahmen sowie die Mitarbeiterschulung. Auf der Nutzenseite steht eine Reihe von Faktoren wie Prestigegewinn, höhere Flexibilität, verbesserte Produktqualität durch Genauigkeitserhöhung und Ausschalten von Fehlerquellen, Zwang zur Strukturierung und Reduzierung der Konstruktionsvarianten etc., die nur schwer quantifizierbar sind.

Bei den technischen Aspekten sind Hardware- und Software-Anforderungen zu unterscheiden. Während bei der Hardware auf weit verbreitete Industriestandards und universelle Verwendbarkeit zu achten ist, spielt bei den Softwarekriterien der geplante Einsatzbereich die entscheidende Rolle.

Bei vielen Anwendungen in der Umformtechnik müssen auch kompliziertere Körper mit nicht analytisch beschreibbaren Flächen dargestellt werden. Daher sind die jeweils im System verwendeten Interpolations- bzw. Approxi-

mationsverfahren zu prüfen. Die B-Spline-Verfahren erfüllen die gestellten
Anforderungen am besten, an zweiter Stelle kann die BEZIER-Darstellung an-
geführt werden. Die Flächenbeschreibung nach COONS gewinnt dann an Bedeutung, wenn z.B. von einer Mehrkoordinaten-Meßmaschine Flächenpunkte im
CAD-System weiterverarbeitet werden sollen [73]. Weitere für die Warmmassivumformung wichtige Funktionen sind die Verrundung beliebiger Körper-
kanten mit konstantem und veränderlichem Radius sowie die Erzeugung von
Auszugschrägen. In der Kaltmassivumformung sind die Anforderungen an die
geometrische Funktionalität des Systems geringer.

Zur abschließenden Beurteilung der tauglich erscheinenden CAD-Systeme ist
an typischen Testbeispielen die Praxistauglichkeit zu überprüfen. Bild 9
zeigt ein solches Testergebnis an einem fiktiven Schmiedewerkstück,
welches repräsentative Schwierigkeiten enthält.

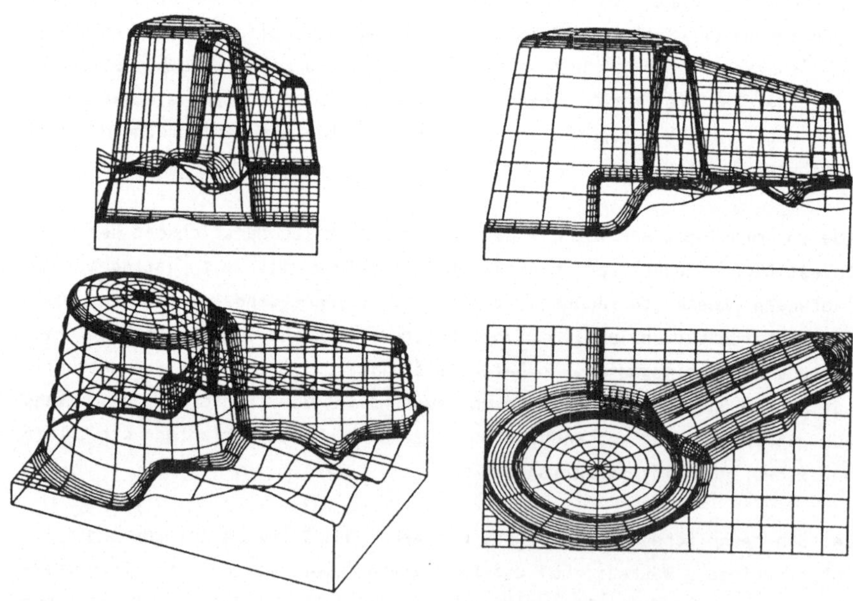

Bild 9: Testbeispiel aus der Massivumformung zur CAD-Systemauswahl.

Während für die Warmmassiv- und Blechumformung nur 3D-Systeme mit Flächen-
oder Volumenmodellierung in Frage kommen, ist bei der Kaltmassivumformung
aufgrund der einfacheren Geometrien auch schon ein 2D-System oder ein 3D-

System mit Kantenmodell einsetzbar, welches preisgünstiger und leichter bedienbar ist. Wesentlich ist in jedem Fall die Integrierbarkeit weiterverarbeitender Module sowie das Vorhandensein und die einwandfreie Funktion der gängigen Standard-Datenschnittstellen.

Ein sehr wichtiges Kriterium im Hinblick auf die geplante Anwendung sind die Möglichkeiten, die das System zur Programmierung von Varianten bietet. Diese Thematik soll nachfolgend eingehend betrachtet werden.

5.2 Programmiermethoden für Varianten

Unter Variantenprogrammierung versteht man die programmtechnische Beschreibung von Maß- oder Gestaltvarianten innerhalb einer Teilefamilie. Eine Geometrieveränderung durch Maßvariation geschieht auf der Basis von Verzerrungsähnlichkeit. Hierbei bleibt die Anzahl der Geometriepunkte konstant (Bild 10a). Gestaltvariation bedeutet eine substantielle Veränderung der Geometrie, bei der in der Regel auch die Anzahl der Geometriepunkte verändert wird (Bild 10b). Eine Gestaltsänderung muß über Variantenprogrammierung realisiert werden, kann jedoch bei konstanter Anzahl von Geometriepunkten teilweise auch durch Maßvariation erreicht werden, wenn z.B. Konturpunkte übereinandergeschoben werden (Punkte 1 in Bild 10c) oder aus Eckpunkten Punkte auf einem geraden Liniensegment werden (Punkt 2 in Bild 10c).

Ziel der Variantenprogrammierung ist die automatische Zeichnungserstellung eines Bauteils oder einer Baugruppe möglichst ohne weitere manuelle Nacharbeit. Man unterscheidet die Variantenprogramme (auch Programm-Makros genannt) von den sogenannten Zeichnungsmakros, die für statische Bildelemente verwendet werden und sich aus der bekannten Folientechnik ableiten.

Die Ursprünge der Variantenprogrammierung gehen auf die bewährte Technik der Tabellenzeichnung zurück. Dabei wird in einer sogenannten Mutterzeichnung die Gestaltvariante mit variablen Parametern anstelle fester Maße dargestellt und die zulässigen Varianten als einzelne Zeilen in einer Tabelle definiert (Bild 11). Auf diese Art wird die notwendige Zeichnungsarbeit auf die einmalige Erstellung der Mutterzeichnung reduziert.

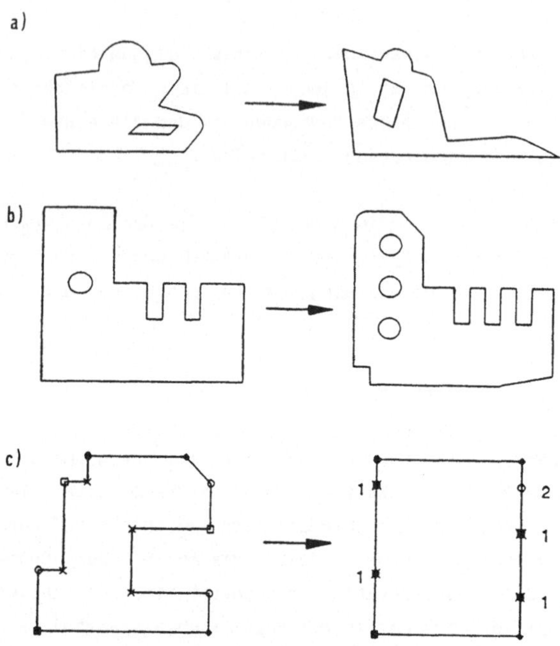

Bild 10: Methoden der Variantenbildung: a) Maßvariation; b) Gestaltvariation; c) Gestaltvariation durch Maßänderung.

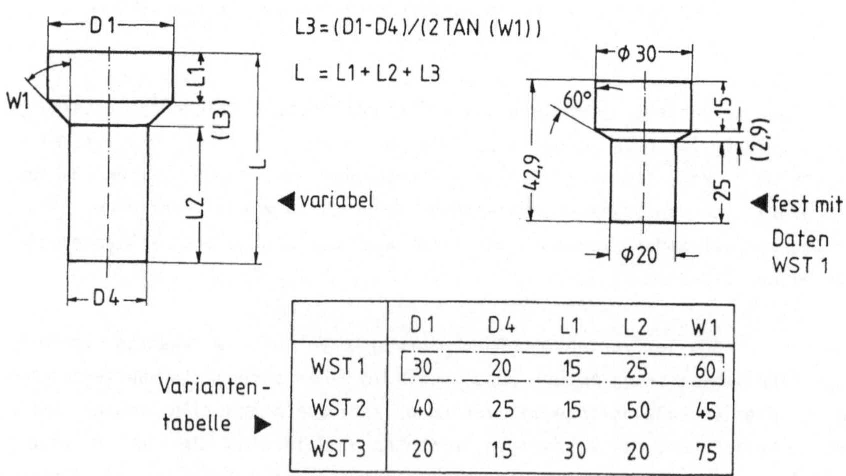

	D1	D4	L1	L2	W1
WST 1	30	20	15	25	60
WST 2	40	25	15	50	45
WST 3	20	15	30	20	75

Bild 11: Variantenbildung mittels Maßtabelle.

Die Vorteile der Variantenprogrammierung liegen primär in der automatischen, im Gegensatz zur Tabellenzeichnung maßstäblichen Neuerstellung einer beliebigen Variante. Zusätzlich lassen sich durch Einarbeiten von Logiken oder Kopplung mit anderen Programmsystemen weitere Vorteile erzielen [74].

Für die Variantentechnik ist die Definition eines fiktiven Komplexteiles notwendig, das aus einer Gruppe geometrisch ähnlicher Teile, der sogenannten Teilefamilie, gebildet wird. Dabei wird festgelegt, mit welchen Parameterwerten innerhalb eines zugelassenen Wertebereichs die einzelnen Varianten der Teilefamilie gebildet werden können. Eine bestimmte Variante wird dann durch Angabe der aktuellen Parameter erzeugt [75]. Bild 12 verdeutlicht dieses Prinzip.

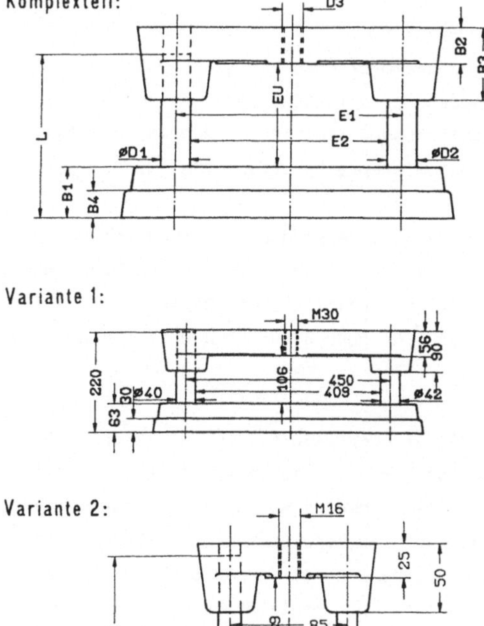

Bild 12: Prinzip der Variantenkonstruktion.

Die Variantenprogrammierung mit CAD ist, bezogen auf die reine Zeichnungserstellung, meistens unwirtschaftlicher als die manuelle Technik der
Tabellenzeichnungen. Sie besitzt jedoch den Vorzug, daß die erstellten
Varianten maßstäblich dargestellt werden und somit weniger Fehler bei
deren Interpretation verursachen. Außerdem sind die erstellten Modelldaten
in nachgelagerten Systemem weiterverwendbar, wodurch sich bei zunehmender
Integration weitere Einsparungen realisieren lassen [74].

5.2.1 Varianten-Programmiersprachen

Zur Beschreibung des Komplexteils werden neben der Skizzentechnik spezielle Variantenprogrammiersprachen verwendet. Diese lassen sich grob in
vier Klassen einteilen. In Klammern sind jeweils einige Beispiele angegeben [74]:

- Grafische Programmiersprachen (GRAPL, GRIP),
- CAD-Kommandosprachen (BACIS, IAGL, ME-10-Makro),
- FORTRAN-Einbettungen (EUCLID-IS, PROREN, VDA-PS),
- neuere Programmiersprachen (AutoLISP, ME-30-PI, AGL).

Bei GRAPL und GRIP handelt es sich um typische Vertreter einer grafischen
Programmiersprache. Die Syntax baut auf der NC-Programmiersprache APT auf
und enthält zusätzlich spezifische CAD-Befehle (z.B. für die Bemaßung).
Sie ist aufgrund der einfachen Struktur auch für einen EDV-Neuling leicht
zu erlernen.

Die Syntax eines BACIS- oder IAGL-Makros entspricht nahezu vollständig der
internen CAD-Kommandosprache, die beim interaktiven Arbeiten über Tablett
und dynamische Bildschirmmenüs automatisch erzeugt wird. Die Sprachen
selbst sind angelehnt an die Sprachen BASIC, PASCAL oder PL/1 und
ermöglichen eine einfache Programmierung ohne vertiefte Programmierkennt-
nisse. Die in der Regel interpretierende Programmausführung führt jedoch
zu einem gegenüber Compilersprachen schlechteren Laufzeitverhalten, bietet
jedoch andererseits die Eignung für schnelle Programmentwürfe (sog. "rapid
prototyping") und unkomplizierte Fehlersuche.

Die bei CAD-Systemen am häufigsten anzutreffende Compiler-Sprache ist derzeit noch FORTRAN, obwohl modernere Sprachen wachsende Bedeutung erlangen. Eine FORTRAN-Einbettung findet sich z.B. beim System EUCLID-IS. Die Sprache besteht aus FORTRAN-77-Anweisungen, erweitert um eine Bibliothek mit CAD-spezifischen oder systemneutralen (VDA-PS) Unterprogrammaufrufen und Funktionen. Die Programmierung erfordert ein erhöhtes Maß an EDV-Kenntnissen, ermöglicht dafür jedoch die Erstellung komplexer Programmpakete unter Einbeziehung von Fehlerbehandlungsfunktionen. Neben der Möglichkeit, die Anwendungen direkt in das CAD-System einzubinden mit dem Resultat eines guten Laufzeitverhaltens, wirkt sich vor allem die Integrierbarkeit von bestehende FORTRAN-Applikationen vorteilhaft aus. Die Programmierung und Ablaufsteuerung erfolgt meist außerhalb des CAD-Systems, dadurch können die üblichen Dienstprogramme des Betriebssystems (Editor, Compiler, Linker, Debugger) eingesetzt werden, die eine komfortable und leistungsfähige Entwicklungsumgebung gewährleisten [76].

AutoLISP dient als ein Beispiel für moderne Varianten-Programmiersprachen. Die Sprache ist an LISP orientiert und ermöglicht zusätzlich den direkten Aufruf der normalen AutoCAD-Systembefehle. Die Programmierung ist stark gewöhnungsbedürftig, erlaubt jedoch die Definition kompletter neuer CAD-Befehle und den Einsatz von Methoden der künstlichen Intelligenz.

Das "Procedural Interface" des Systems ME-30 zeigt die Möglichkeiten eines direkten Zugriffs auf die CAD-Modellstruktur, indem entsprechende Funktionsaufrufe in ein C-Programm eingebunden und mit dem CAD-Systemkern gelinkt werden. Die Programmierung erfordert detaillierte Kenntnisse der Sprache C und der CAD-Modellstruktur, ermöglicht aber die Realisierung komplexer Anwendungsprogramme, die direkt mit dem CAD-Kern gekoppelt werden können.

Dies gilt sinngemäß auch für die Sprache AGL des BRAVO 3-Systems, welche auf die bei technischen Anwendungen weniger verbreitete Sprache PL/1 aufsetzt, die gegenüber FORTRAN im Bereich der Daten- und Programmstrukturen Vorteile bietet.

5.2.2 Skizzentechnik und Parametrics

Einen völlig anderen Weg als bei der sprachlichen Beschreibung von Varianten geht die Skizzentechnik (mitunter Parametrics genannt). Dort wird zunächst die Mutterzeichnung interaktiv erstellt. Anstelle der Maßzahlen werden dabei variable Parameter angegeben. Die Variablen können wiederum durch arithmetische oder logische Funktionen verknüpft werden. Für Baureihen werden die Variablen oft in entsprechenden Tabellen definiert. Die aktuelle Variante wird dann durch Eintragen oder Ändern der variablen Maße bzw. Wahl einer Tabellenzeile oder -spalte erzeugt. Ein Parametrics-Modul stellt somit einen Programmgenerator für Variantenprogramme dar. Bild 13 zeigt ein Beispiel für mit Parametrics erstellte Variantenzeichnungen.

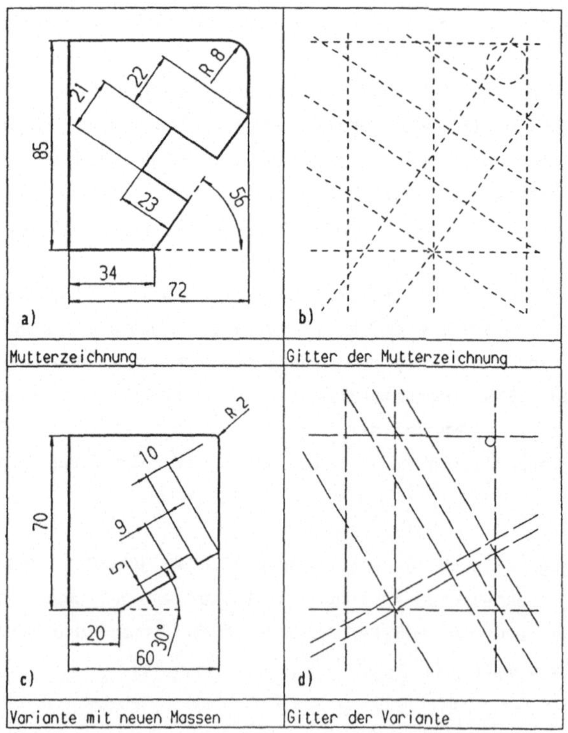

Bild 13: Variantenbildung mit Parametrics (System MEDUSA [77]).

Die Skizzentechnik ist auf Maßvarianten beschränkt, besitzt jedoch den großen Vorteil, daß sie für Nicht-Programmierer einfach zu erlernen und zu bedienen ist. Durch die grafische Darstellung erhält der Anwender unmittelbar eine anschauliche Rückkopplung. Somit kann die Grenzstückzahl, ab der sich die Erstellung von Variantenprogrammen lohnt, weiter gesenkt werden. Größere Variantenprogramme, bestehend aus mehreren Unterprogrammen und komplexen CAD-Aufrufen, oder Kopplungen mit anderen CA-Systemen können in dieser Technik allerdings nicht realisiert werden. In Kombination mit einer der oben genannten grafischen Programmiersprachen ergeben sich jedoch weitreichende Möglichkeiten.

5.3   Die gewählte Entwicklungsumgebung

5.3.1 CAD-System

Die Programmentwicklung erfolgte auf Rechnern der VAX-Serie unter dem Betriebssystem VMS sowie teilweise auf PC-Rechnern unter MSDOS. Einige Voruntersuchungen zur Variantenprogrammierung wurden auf dem System PROREN 1 von ISYKON durchgeführt, wobei die FORTRAN-Programmschnittstelle genutzt wurde. Die endgültige Wahl fiel die schließlich auf das System BRAVO 3 von APPLICON-Schlumberger als Entwicklungsbasis.

Hierbei handelt es sich um ein datenbankorientiertes System mit einem 3D-Kantenmodell, das modular auf Flächen- und Volumenmodellierung erweiterbar ist. Das System arbeitet grundsätzlich mit einer 3D-Datenstruktur. Dadurch sind 2D-Zeichnungen, bei denen die Tiefenkoordinate gleich Null gesetzt wird, ohne Datenkonvertierung zu 3D-Modellen erweiterbar. Die Bemaßung ist assoziativ zur Geometrie, d.h. bei Geometrieänderungen passen sich automatisch die betreffenden Maße an. Umgekehrt ist in gewissen Grenzen auch die Geometrievariation über Maßänderungen möglich.

Das System verfügt über eine komfortable und sehr flexible Benutzeroberfläche für Anwender mit unterschiedlichem Kenntnisstand. Eine Besonderheit stellt die Befehlseingabe über sog. Freihandsymbole dar. Mittels stenogrammartigen Kurzzeichen, die mit dem Tablettstift gezeichnet werden, können ganze Befehlsketten ausgeführt werden.

Zur Programmierung stehen eine Interpreter- und eine Compilersprache mit einheitlicher Syntax zur Verfügung. Interpreterprogramme können unter gewissen Voraussetzungen auch nachträglich compiliert werden. Eine Vielzahl von Erweiterungsmodulen (NC-Bearbeitung, FEM, Bewegungssimulation) und Schnittstellen (IGES, VDAFS, neuerdings VDAPS) machen das System zu einer geeigneten Basis für eine zukunftsorientierte CAD-Anwendung [78].

5.3.2 Programmiersprachen

Für die Zeichnungen und Variantenprogramme kamen der Graphische Editor (3D-Kantenmodell) und die systeminterne Programmiersprache IAGL zum Einsatz. Hierbei handelt es sich um eine von PL/1 abgeleitete Interpretersprache ähnlich BASIC, die neben dem vollen Befehlsumfang des Grafiksystems auch Kontrollstrukturen und Dialogfunktionen umfaßt. Das Laufzeitverhalten hat sich für die vorgesehene hochinteraktive Arbeitsweise mit kleinen Programmodulen als ausreichend erwiesen. Auf nachträgliche Compilation wurde wegen der notwendigen Programmodifikationen und des mäßigen zu erwartenden Geschwindigkeitszuwachses verzichtet, zumal die stürmische Fortentwicklung der Rechner-Hardware in diesem Punkt rasche Verbesserung erwarten läßt.

Für die Berechnungsprogramme wurde FORTRAN 77 gewählt, da hier die Ablaufgeschwindigkeit ein primäres Kriterium darstellt und auf Grafikfunktionen verzichtet werden kann. Daraus ergab sich die Möglichkeit, diese Module auch auf PC-Rechner nach Industriestandard unter MS-DOS zu übertragen, auf denen sie als eigenständige Programme lauffähig sind.

Der Kopplungsmodul ist in DCL, der Kommandosprache des Betriebssystems, realisiert. Seine auf ein Minimum beschränkte Funktionalität ist auch auf anderen Rechnersystemen mit den dort verfügbaren Kommandosprachen darstellbar, so daß eine Verknüpfung z.B. mit CAD-Systemem auf PC-Rechnern mit geringem Aufwand möglich ist.

6 ENTWURF DES ANWENDUNGSSYSTEMS

6.1 Entwicklung von Programmsystemen

Ähnlich materiellen Produkten verläuft die Entwicklung von Programmsystemen in mehreren Phasen [79]:

- Problemanalyse, Aufgabendefinition,
- fachliches Konzept, Leistungsbeschreibung,
- DV-Grobkonzept, Modularisierung,
- DV-Feinkonzept, Detaillierung,
- Modulentwicklung, Integration und Test,
- Einführung mit Dokumentation und Schulung,
- Produktiveinsatz, Wartung und Weiterentwicklung.

Entsprechend dieser Gliederung wurde zunächst ein Pflichtenheft unter Berücksichtigung der spezifischen Anforderungen der Projektpartner erstellt. Beim Systementwurf ist zwischen einem Grobkonzept und den darauf aufbauenden Feinkonzepten zu unterscheiden. Die programmtechnische Umsetzung erfolgt modulweise mit anschließender Integration zum Gesamtsystem.

6.2 Pflichtenheft

Die Entwicklung des Programmsystems erfolgte unter sorgfältiger Berücksichtigung von Anforderungen aus der Praxis nach folgenden Zielvorgaben:

Werkstückbeschreibung:
- flexible und rationelle Beschreibung der Werkstückgeometrie,
- Bemaßungsfunktionen für Werkstückzeichnungen,
- Schnittstelle zum Konturdatenaustausch mit Fremdprogrammen (Stadienplanung, FEM-Berechnungen).

Werkzeugkonstruktion:
- Erstellung von Einzelteil-, Baugruppen- und Zusammenbauzeichnungen von Werkzeugen für die Kaltmassivumformung nach dem Variantenprinzip,
- Orientierung an konventioneller Konstruktionsmethodik (vom Zusammenbau zur Detailzeichnung) zur Förderung der Akzeptanz,
- Berücksichtigung einschlägiger Normen und Firmenspezifikationen,

- Berücksichtigung verschiedener Maschinentypen mit Schwerpunkt auf
  Mehrstufenpressen,
- konsequente Weiterverwendung bereits eingegebener Daten,
- NC-gerechte Geometrie (exakt, vollständig, geschlossene Halbkontur-
  züge, für IGES-Datenaustausch vorbereitet),
- fertigungsgerecht bemaßte Werkstattzeichnungen von Aktivwerkzeugen,
- hohe Flexibilität und Anwendungsbreite durch:
  - beliebig kombinierbare Werkzeugelemente anstatt vorprogrammierter
    Komplettwerkzeuge,
  - modular erweiterbares Bauteilspektrum,
  - Aktivwerkzeuge mit beliebig komplexer Wirkkontur,
  - Unterstützung der Neu- und Anpassungskonstruktion von Sonderteilen,
  - unbegrenzter interaktiver Zugriff auf die von Programmen erstell-
    ten Zeichnungen für Änderungsdienst und Anpassungskonstruktion,
- System mit geringer CAD-Erfahrung bedienbar durch:
  - komfortable Benutzerführung,
  - vielseitige Eingabemöglichkeiten,
  - auf das Notwendige beschränkte Eingaben,
  - abrufbare Erläuterungen.

Berechnungen:

- Unterstützung werkzeugbezogener Berechnungen:
  - Umformkräfte und äußere Werkzeugbelastungen,
  - Festigkeit und Abmessungen aktiver Werkzeugelemente,
  - Volumen von Werkstücken, Volumenabgleich zwischen Umformstadien,
- einfach und schnell zu handhaben, dabei genauer als praxisübliche
  Faustformeln,
- komfortable Suche und Auswahl von Werkstoffkennwerten,
- Übernahme von Geometriedaten aus dem CAD-System.

Randbedingungen:

- Beschränkung des Teilespektrums auf Rotationsteile, d.h. Darstellungen nur in Seitenansichten und Schnitten,
- Stadienplanentwurf erfolgt über externes System, d.h. bei Werkstücken
  nur Geometriebeschreibung ergänzt durch Volumenberechnung und Konturdatenschnittstelle,
- Erarbeitung einer firmenübergreifenden Beispiellösung,
- Integration der Anwendungsmodule in geeignetes System eines kompeten-
  ten CAD-Anbieters mit gesicherter Marktstellung.

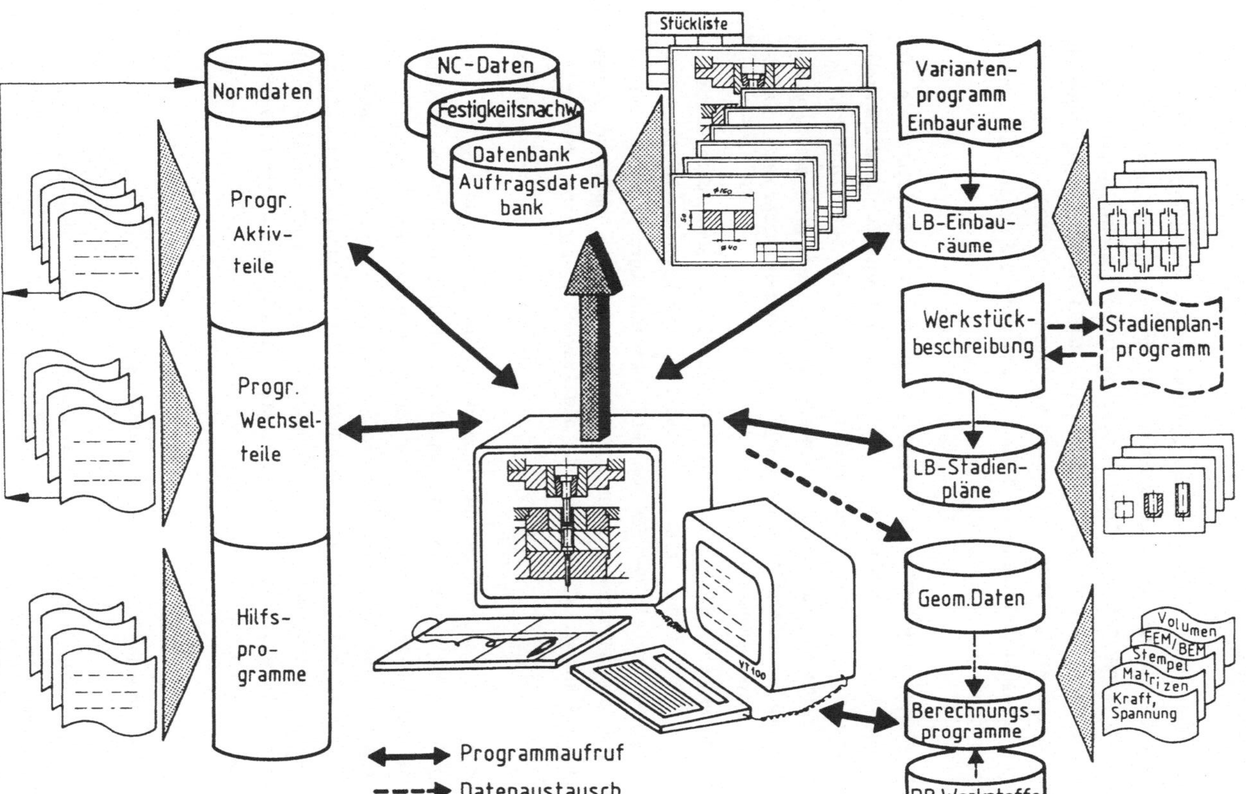

Bild 14: Übersicht über das Konstruktionssystem KONWERKA.

6.3 Rahmenkonzept

Bild 14 zeigt die Hauptmodule des Systems KONWERKA (**Kon**struktion von **We**rkzeugen für die **Ka**ltmassivumformung) und ihre gegenseitige Verknüpfung. In der Mitte sind unten das CAD-Basissystem in Form einer Arbeitsstation und oben die Arbeitsergebnisse dargestellt, nämlich Werkzeugzeichnungen, Festigkeitsnachweise, Stücklisten und NC-Daten (mit APPLICON-NC-Modul) für die Werkzeugherstellung. Zu beiden Seiten sind die benötigten anwendungsspezifischen Module angeordnet.

Zu ihnen zählen einerseits Variantenprogramme für Aktivwerkzeugteile (im wesentlichen Stempel und Matrizen), für Wechselteile, für neue Werkzeugeinbauräume und zur Werkstückbeschreibung, andererseits Bibliotheken für bereits erstellte Einbauräume und Stadienpläne. Weitere Programmodule sind für die Stempel- und Matrizenauslegung, für verfahrensbezogene Berechnungen wie Umformkräfte und Werkzeugbelastungen sowie für die Volumenberechnung vorgesehen. Eine Schnittstelle erlaubt den Konturdatenaustausch mit externen Programmen, z.B. zur Stadienplanerstellung oder für numerische Analysen mittels der FEM oder BEM. Eine weitere Kopplung besteht zwischen den Berechnungsprogrammen zur Werkzeugauslegung und einer Datenbank für Werkzeugwerkstoffe, welche die Auswahl geeigneter Werkstoffe unterstützt.

Wesentliche Gesichtspunkte bei der Entwicklung der einzelnen Module sind die integrierte Weiterverarbeitung von einmal eingegebenen Geometriedaten sowie die Möglichkeit für den Konstrukteur, seine vom Reißbrett her gewohnte Arbeitsweise weitgehend auch am Bildschirm beibehalten zu können, d.h. die Konstruktion in der Zusammenbauzeichnung als Ausgangspunkt für alle Einzelteilzeichnungen durchzuführen. Dabei wird bewußt auf eine vollautomatische Werkzeugkonstruktion verzichtet, um die notwendige Flexibilität für den Konstrukteur zu erhalten.

Die Programmodule lassen sich zu drei Gruppen zusammenfassen, die als Pakete jeweils unabhängig voneinander lauffähig sind:

- Teilebeschreibung mit Geometrieelementen, Konturdaten-Schnittstelle und Volumenberechnung,
- Werkzeug-Variantenprogramme und Einbauraumbibliothek,
- Berechnungsprogramme (ohne Volumenberechnung) und Werkstoffdatenbank.

Zur Erzeugung der Geometrie kommen je nach Teilegruppe vier verschiedene Grundkonzepte zum Einsatz:

a) Variantenprogramme für ganze Bauteile und Baugruppen
(alle Aktiv- und Wechselteile, neue Einbauräume),
b) Variantenprogramme für Teilkonturen und programmunterstützte Kontur-ergänzung (flexible Aktivwerkzeuge),
c) Abruf fertiger Zeichnungen aus einer Bibliothek
(Werkzeug-Einbauräume),
d) freie Teilebeschreibung mit Geometrieelementen
(Werkstücke und Sonderwerkzeuge).

Die Methoden a) und d) sind auch kombiniert anwendbar, um kleinere Änderungen an vorprogrammierten Bauteilen vorzunehmen.

6.4   Detailkonzeption

Nachfolgend sind die programmübergreifenden Prinzipien und Festlegungen beschrieben. Spezifische Konzepte werden bei der Beschreibung der einzelnen Programmteile erläutert.

6.4.1 Benutzerführung

Der Gestaltung der Benutzerschnittstelle kommt eine entscheidende Bedeutung für die Akzeptanz eines Programmsystems zu. Dazu gehören der Aufruf der verschiedenen Funktionen, das Anfordern der Eingaben, die Erläuterung der zur Wahl stehenden Möglichkeiten und die Darstellung der Ergebnisse. Idealerweise soll ein Programm dem Benutzer alle erforderlichen Informationen liefern und darf ihn nie in eine ausweglose Situation führen [80]. Dieser hohe Anspruch kommt in einer gegenüber dem eigentlichen Verarbeitungsteil zwei- bis viermal längeren Entwicklungszeit zum Ausdruck. Dementsprechend wurde der Konzeption der Benutzeroberfläche hohe Aufmerksamkeit gewidmet, unter Einsatz aller vom Basis-System gebotenen Möglichkeiten.

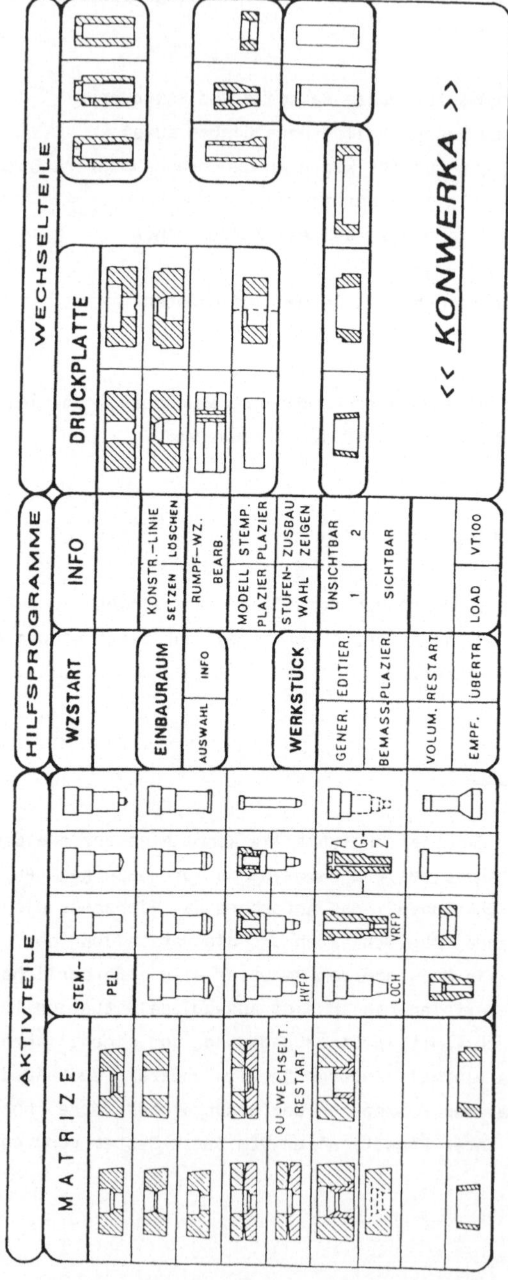

Bild 15: Tablettmenü des Anwendungssystems KONWERKA.

6.4.1.1 Anwendungs-Tablettmenü

Zur Erleichterung der Bedienung des Programmsystems sind die verschiedenen Varianten- und Hilfsprogramme auf den beiden für den Anwender reservierten Tablettbereichen des Basis-Systems in folgender Anordnung installiert (Bild 15): Die Aktivwerkzeuge sind mit den direkt zugehörigen Wechselteilen (Armierungen und Stempelhalter) im linken Drittel angeordnet, das rechte Drittel enthält alle vorhandenen Wechselwerkzeuge. In der Mitte befinden sich alle wesentlichen Hilfsprogramme sowie die Module für Einbauraumbibliothek und Werkstückbeschreibung. Die Programme werden durch einfaches Anwählen mit dem Tablettstift gestartet. Intern werden dadurch oft mehrere Programme hintereinander aufgerufen und gewisse Steuervariablen gesetzt, so daß sich die Anzahl der Benutzeraktionen auf ein Minimum reduziert.

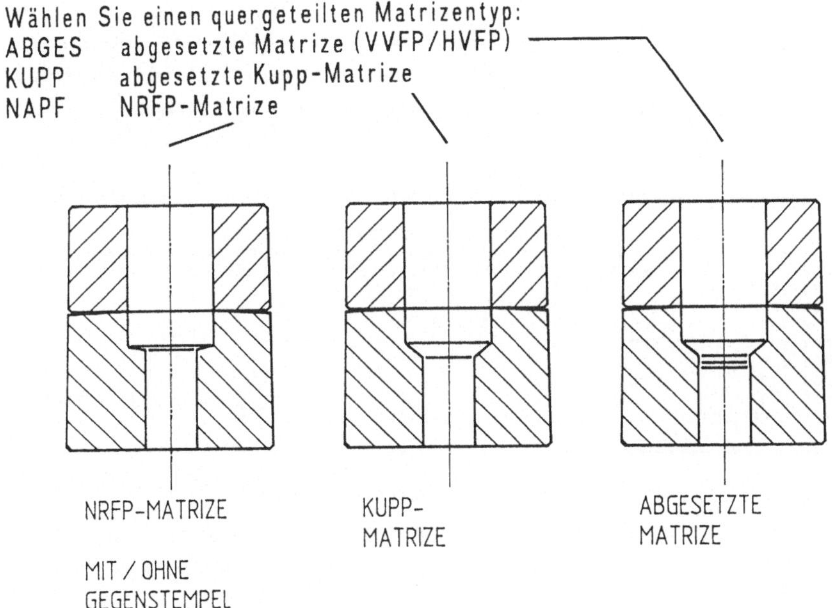

Bild 16: Grafisch unterstütztes Auswahlmenü für Variantenteile.

Die Felder für die Variantenprogramme sind mit Piktogrammen gekennzeichnet, die dem Benutzer durch ein charakteristisches Aussehen die Auswahl des richtigen Bauteils erleichtern. Bei umfangreichen Teilefamilien, wie Matrizen oder Stempeln, sind zwei Einstiegspunkte über getrennte Tablettfelder vorgesehen:

- Direkte Auswahl des Bauteils aus der Teilefamilie,
- Auswahl der Teilefamilie und danach Festlegung des Typs über ein hierarchisches Bildschirm-Menü mit grafischer Unterstützung. Bild 16 zeigt hierfür ein Beispiel.

Im Zweifelsfall kann der Anwender ein Programm auch probeweise anstarten und bei der ersten Frage abbrechen, um anhand des eingeblendeten Informationsbilds seine Entscheidung zu treffen.

6.4.1.2 Eingabedialog

Die geometrieerzeugenden Programme werden durch Anwählen des entsprechenden Tablettfeldes gestartet, während am Grafikbildschirm die Zusammenbauzeichnung dargestellt wird. Alle Eingaben werden vom Programm mit kurzen Erläuterungen angefordert (Bild 17).

```
AUSSENDURCHM. MATRIZE (FUGENDURCHM.)?  FIRMENINTERNE NORMWERTE SIND ANGEGEBEN:

► F01 NORM          FIRMENINTERNER NORMWERT GEWAEHLT
  F02 23            FUER DI<15;   NUR MIT DA=75 UND 2-FACH ARMIERUNG VERWENDEN
  F03 32            FUER DI<20;   NUR MIT DA=100 UND 2-FACH ARMIERUNG VERWENDEN
  F04 45            FUER DI<28
  F05 60            FUER DI<35
  F06 75            FUER DI<45
  F07 90            FUER DI<55
  F08 115           FUER DI<70
  F09 140           FUER DI<85
  F10 180           FUER DI<100;  NUR MIT DA=360 UND 1-FACH ARMIERUNG VERWENDEN
  F11 BERECHNUNG    FUGENDURCHMESSER KANN BERECHNET WERDEN
```

```
HOEHE ?     <RET>: HOEHE WIRD VON DER MATRIZE UEBERNOMMEN:

► F01 MATR          UEBERNAHME DER MATRIZENHOEHE MINUS 1 MM
  F02 40
  F03 60
  F04 80
  F05 100
  F06 120
  F07 140
  F08 160
  F09 180
  F10 GEOMETRIE     ABGREIFEN AN VORHANDENER GEOMETRIE
```

Bild 17: Möglichkeiten zur Dateneingabe.

Für die Maßeingabe stehen dabei die vom System vorgeschlagenen betriebs-
internen Normwerte, eine Möglichkeit zur Übernahme von Abmessungen aus
bereits erzeugter Geometrie (Anschlußmaße), eine Berechnungsoption oder
die explizite Eingabe beliebiger Werte über Tastatur zur Auswahl. Beim
Menüpunkt "NORM" wählt das System selbst einen zu den vorherigen Eingaben
passenden Normwert aus programminternen Tabellen. Die Funktion
"BERECHNUNG" bewirkt die Bereitstellung von Daten für die Berechnungsprogramme und ermöglicht deren Aufruf. Die Abfrage der einzelnen Eingaben
kann in Kurzform oder auf Wunsch des Benutzers mit zusätzlich eingeblendeten Erklärungen erfolgen, um den Bedürfnissen von Fortgeschrittenen und
Anfängern gleichermaßen gerecht zu werden.

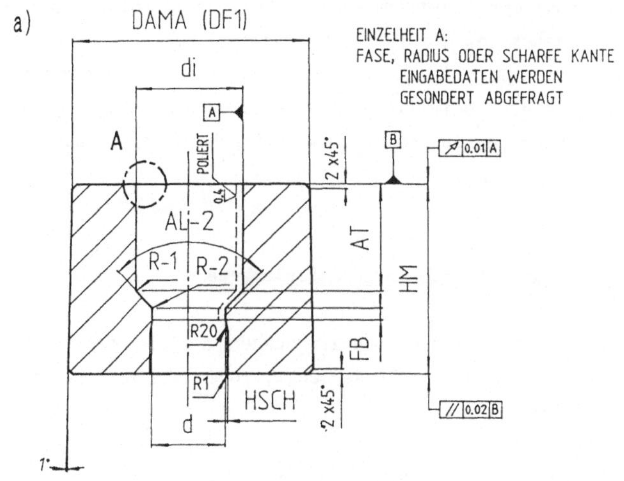

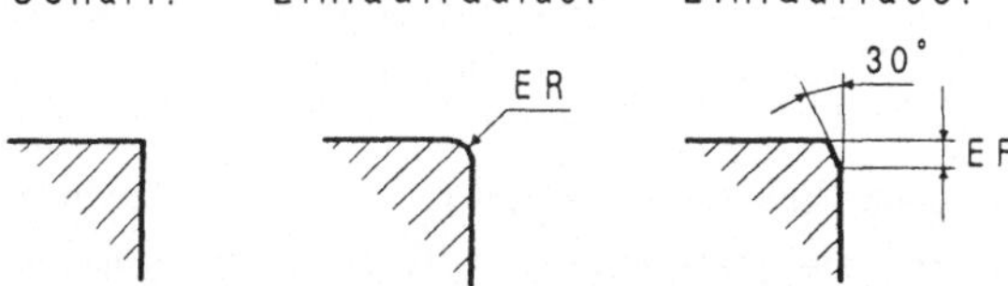

Bild 18: Grafische Unterstützung des Eingabedialogs: a) Eingabeparameter
und Konstanten; b) alternative Bauformen.

Zusätzlich wird die Benutzerführung grafisch unterstützt, indem beim Start eines Programms die entsprechende Grundvariante mit allen vorgesehenen Eingabeparametern und festgelegten Konstanten für die Dauer des Dialogs am Bildschirm eingeblendet wird (Bild 18a). Schwierigkeiten mit der eindeutigen verbalen Beschreibung von Abmessungen und daraus resultierende Mißverständnisse werden somit zuverlässig vermieden. Die Informationszeichnung zeigt außerdem den Koordinatenursprung für die Plazierung des Teils in der Zusammenbauzeichnung. Im Einzelfall sind zusätzliche Hinweise auf Besonderheiten enthalten, z.B. auf die Einzelheit A, für die eine separate Zeichnung eingeblendet wird. Ist zwischen verschiedenen Typen und Bauformen zu wählen, so erscheinen die Alternativen ebenfalls am Grafikbildschirm (Bild 18b).

Die Berechnungsprogramme laufen am alphanumerischen Terminal oder in einem entsprechenden Fenster des Grafikbildschirms ab. Der Start erfolgt durch Tastatureingabe von speziell definierten Kurzbefehlen. Die Kraftberechnung wird direkt gestartet, beim Aufruf der Werkzeugberechnungen gelangt man zunächst in den Kopplungsbaustein. Zum weiteren Dialogverlauf siehe Abschnitt 8.

6.4.2 Verdeckte oder störende Zeichnungselemente

In Baugruppen- und Zusammenbauzeichnungen sind meist bestimmte Zeichnungsanteile der Einzelteile verdeckt, oder sie sollen absichtlich nicht dargestellt werden.

In Bild 19 sind zwei Gruppen von verdeckten Kanten zu unterscheiden: Während die Sichtkanten an der Armierungsbohrung bereits beim Einsetzen der Matrize verdeckt werden (Baugruppenzeichnung unten links), sind die umlaufenden Kanten der Matrizenbohrung noch sichtbar, bis in der Zusammenbauzeichnung Werkstück und Stempel in die Matrize eintauchen (unten rechts) und diese Linien ebenfalls verdecken.

Die bei Baugruppen und im Zusammenbau mehrfach übereinanderliegenden Mittellinien stören die gleichmäßige Strichpunktierung und sind durch eine einzige durchgehende zu ersetzen. Außerdem ist eine Bemaßung aus der Baugruppenzeichnung im Zusammenbau in der Regel unerwünscht und muß daher ausgeblendet werden.

Beim verwendeten Basis-System (Kantenmodell) ist das Ausblenden verdeckter Konturbereiche im Gegensatz zu flächen- und volumenorientierten Systemen nicht automatisch durchführbar. In den Anwendungsprogrammen ist dementsprechend ein zweistufiger Ausblendemechanismus realisiert, indem die betreffenden Sichtkanten, Mittellinien und Maße auf unterschiedliche grafische Ebenen gelegt werden, die in den Baugruppen- und Zusammenbauzeichnungen schrittweise ausgeblendet werden können. In den Einzelteilzeichnungen bleiben diese Linien sichtbar, erscheinen jedoch am Bildschirm farblich von den normalen Sichtkanten abgesetzt, während die Mittellinien ein anderes Linienmuster erhalten. Die Funktionen zur Steuerung der Sichtbarkeit sind in Abschnitt 7.5.3 beschrieben.

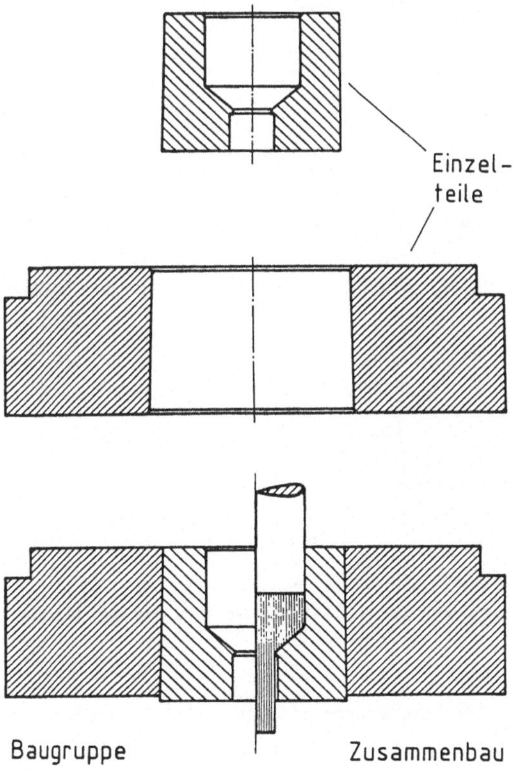

Bild 19: Verdeckte Sichtkanten in Baugruppen- und Zusammenbauzeichnungen.

6.4.3 NC-gerechte Konturen

Die Forderung nach problemloser Weiterverwendbarkeit der Geometriedaten -
z.B. für die NC-Programmierung - bedingt, daß bei der Konturerstellung
einige Regeln beachtet werden müssen:

- verkettete Konturzüge ohne Überlappungen oder Lücken,
- bei Drehteilen zwei getrennte Halbkonturen,
- vollständige, maßstäbliche Darstellung ohne Vereinfachungen oder
  Überhöhungen,
- exakte tangentiale Übergänge bei Verrundungen,
- Verwendung einheitlicher Linientypen und grafischer Ebenen,
- Umlauf- und Sichtkanten getrennt von der Hauptkontur,
- vordefinierte leere Zelle in der DB zur Konturselektion für die Übergabe an nachgelagerte Systeme.

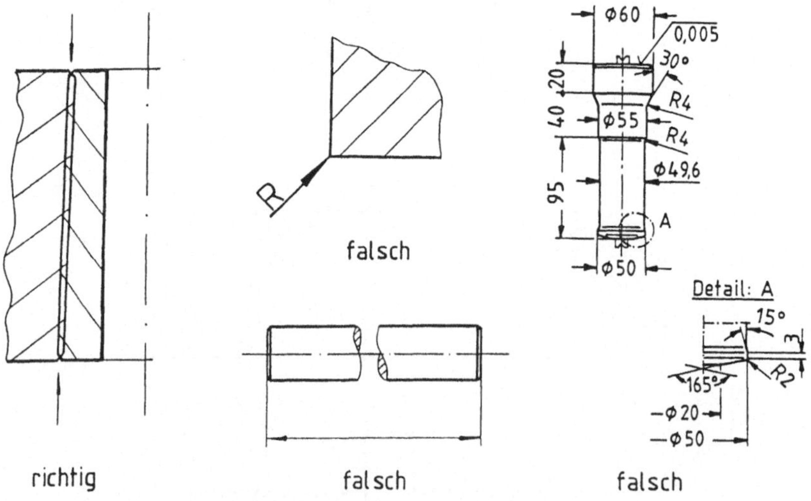

Bild 20: Konsequenzen der vollständigen und maßstäblichen Zeichnungserstellung.

Bei Verwendung der Variantenprogramme oder des flexiblen Zeichnungsmoduls
ist die Einhaltung dieser Regeln und somit eine saubere und einheitliche
Datenstruktur sichergestellt. Dies schafft wiederum die Voraussetzung für
eine möglichst umfassende automatisierte Weiternutzung der Daten. Neben
der Zeitersparnis bei der Zeichnungserstellung liegt hier ein zweites und

bei konsequenter Ausnutzung sogar noch größeres Rationalisierungspotential des Anwendungssystems.

Aus der streng maßstäblichen und vollständigen Darstellung ergeben sich einige Konsequenzen, die der konventionellen Zeichentechnik entgegenstehen. Bild 20 zeigt Beispiele für nicht erlaubte vereinfachte oder überhöhte Darstellungen sowie die datentechnisch korrekte, zeichnerisch jedoch unübliche Darstellung einer Preßpassung an Matrizen.

6.4.4 Bemaßung

Bei der Erstellung der Bemaßungsroutinen sind zwei konkurrierende Problemkreise zu beachten:

- Für die gesamte Variationsbreite der Maßparameter eines Bauteils muß die Bemaßung gut lesbar und überdeckungsfrei plaziert werden. Eine entsprechende Bemaßungsstrategie erfordert eine aufwendige Programmsteuerung.

- Die Assoziativität von Maßen und Geometrie sowie die interpretierende Programmausführung im BRAVO-System bewirken ein ungünstiges Laufzeitverhalten von Bemaßungsroutinen, das durch eine aufwendige Steuerung (Entscheidungen, Verzweigungen) noch weiter verschlechtert wird. Eine Compilation bringt speziell bei Bemaßungsbefehlen kaum einen Zeitgewinn, eine direkte Codierung in der zum System angebotenen Compilersprache ist derzeit noch nicht möglich.

Die Bemaßungsroutinen wurden daher lediglich mit einfachen Kontrollstrukturen ausgestattet. Einzelne ungünstig plazierte Maße, vor allem bei kleinen Bauteilabmessungen, können jedoch interaktiv nach Ablauf des Programms mit den Funktionen des Basis-Systems oder des Teilebeschreibungsmoduls verschoben werden. Die Bemaßung schließt auch Maß-, Form- und Lagetoleranzen sowie Bearbeitungszeichen ein. Durch eine bereits im Basis-System vorhandene Funktionalität wird die Bemaßung aus der Einzelteilzeichnung nicht in eine Baugruppen- oder Zusammenbauzeichnung übernommen. In Baugruppenzeichnungen werden ausschließlich Hauptabmessungen eingezeichnet, die im Zusammenbau ausblendbar sind.

Bei Wechselteilen wurde mit Ausnahme von Armierungsringen, Stempelhalter und einigen Druckplattentypen statt der Bemaßung eine Beschriftung in Form einer Sachmerkmalsleiste gewählt, welche neben einer Teilekennung, z.B. "DP" für Druckplatte, die Hauptabmessungen enthält. Diese wird als Textfahne in das Bauteil eingeblendet und bleibt auch im Zusammenbau sichtbar (Bild 21). Der Text befindet sich auf einer von der Geometrie getrennten grafischen Ebene und ist daher für eine Weiterverarbeitung, z.B. durch ein Stücklistenprogramm, geeignet.

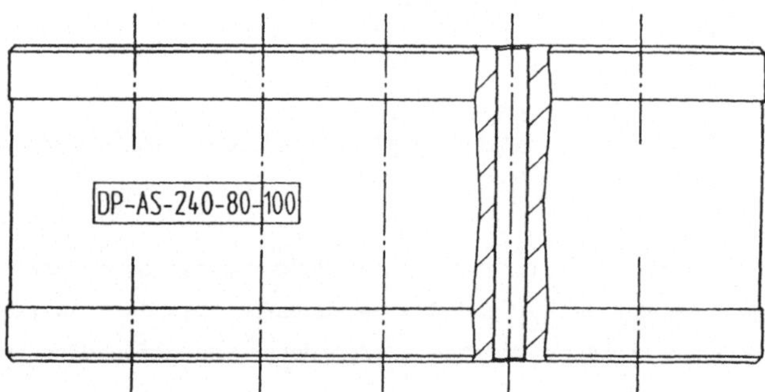

Bild 21: Textkennzeichnung statt Bemaßung bei Wechselteilen.

Ausnahmen bilden die Armierungsringe, Stempelhalter und einige Druckplattentypen, welche auf Wunsch auch vollständig bemaßt werden können, da diese teilweise passend zum Aktivwerkzeug angefertigt werden müssen.

6.4.5 Koordinatensystem

Jedes in einer Konstruktionsdatenbank beschriebene Einzelteil besitzt sein eigenes unabhängiges Koordinatensystem, in dem es an beliebiger Stelle liegen kann. Dasselbe gilt auch für Baugruppen- und Zusammenbauzeichnungen. Für ein programmgesteuertes Konstruieren ist eine genau definierte und möglichst einheitliche Lage aller Zeichnungen im Koordinatensystem erforderlich. Bei der Wahl des Koordinatenursprungs ist außerdem zu beachten, daß dieser als Referenzpunkt für das Plazieren in anderen Zeichnungen verwendet wird.

Demzufolge wurde folgende Festlegung getroffen: Der Koordinatenursprung für alle Einzelteile liegt auf der Mittellinie an der Oberkante des Bauteils oder Werkstücks, bei Stempeln jedoch an deren Unterkante, um ein exaktes Plazieren auf dem Werkstück zu erleichtern.

Bei Baugruppenzeichnungen ist der Ursprung des ersten plazierten Aktivwerkzeugs (Matrize oder Stempel) maßgebend. Im Zusammenbau liegt der Nullpunkt an der Oberkante des matrizenseitigen Einbauraums auf der Mittellinie der ersten Pressenstufe.

6.4.6 Modularisierung

Die Regeln der strukturierten Programmierung schreiben als wesentlichsten Gesichtspunkt die Aufteilung in kleine, überschaubare Einheiten vor, die mehrfach verwendet und auch unabhängig getestet werden können. Das Hauptprogramm übernimmt im Idealfall nur steuernde Funktionen und den Aufruf der Unterprogramme. Das Programmsystem ist dementsprechend untergliedert in allgemein verwendbare Routinen, teilefamilienspezifische und bauteilspezifische Unterprogramme.

Allgemeine Funktionen sind z.B. Maßübernahme aus vorhandener Geometrie, Spiegeln einer Halbkontur, Schraffieren, Symbole für Form- und Lagetoleranzen, Bearbeitungszeichen, Plazierung im Zusammenbau oder Ausfüllen des Zeichnungsschriftfeldes. Spezifisch für eine Teilefamilie sind z.B. Routinen für die Dateneingabe, Erzeugung und Bemaßung von übereinstimmenden Konturbereichen, Vorbelegung von Variablen, oder Steuerprogramme für Baugruppen. Teilespezifisch sind die meisten Programme zur Ablaufsteuerung, Konturerzeugung und Bemaßung. Ein übergeordnetes Hauptprogramm für sämtliche Programmodule entfällt, da bei dem angestrebten Konzept der Konstrukteur die Steuerungsaufgaben und den Aufruf der Programme übernimmt.

Die Berechnungsprogramme sind ebenfalls unter dem Gesichtspunkt der Mehrfachverwendung von Routinen gegliedert. Hier besitzt jedes Programm als abgeschlossene, eigenständige Einheit ein modulspezifisches Hauptprogramm.

Die rechtzeitige Einordnung der benötigten Programmfunktionen in die genannten Kategorien während der Planungsphase vermeidet Mehrfacharbeit und verhilft zu einem klar strukturierten, für spätere Erweiterungen offenen Programmsystem.

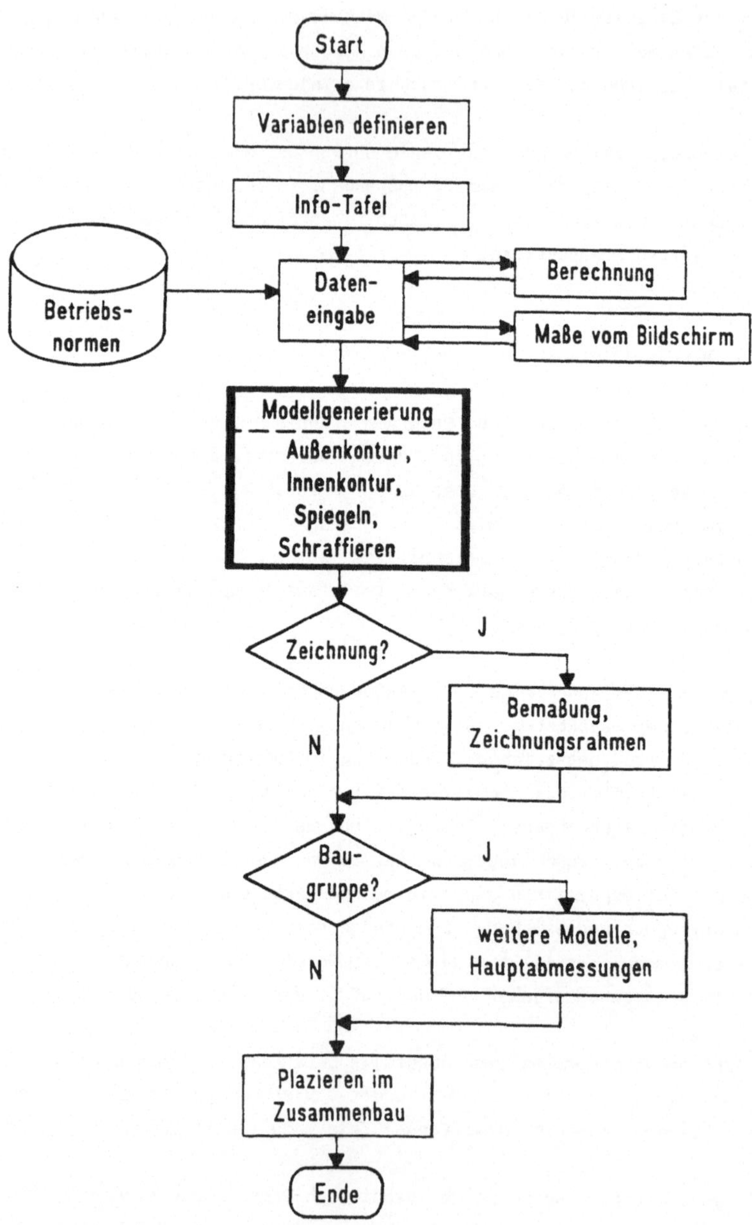

Bild 22: Schematischer Programmablauf für Aktivwerkzeuge.

6.4.7 Ablaufpläne für die Variantenprogramme

Die Variantenprogramme für Aktivwerkzeuge laufen nach einem einheitlichen
Schema ab (Bild 22): Nach der Variablendeklaration und der Zuweisung einiger Konstanten erscheint die parametrisierte Bauteildarstellung am Bildschirm, und die Eingaben werden angefordert. Hierbei stehen die bereits
beschriebenen Möglichkeiten je nach Erfordernis zur Verfügung. Danach
werden die verschiedenen Abschnitte der rechten Bauteilkontur gezeichnet
und nach links gespiegelt. Falls erforderlich, werden noch Sichtkanten und
Schraffur ergänzt.

Als nächstes kann der Benutzer eine bemaßte Fertigungszeichnung anfordern
oder diesen Punkt überspringen. Die bemaßte Zeichnung wird in einen
Zeichnungsrahmen passender Größe samt ausgefülltem Schriftfeld gestellt.
Dann kann die Konstruktion der zur Baugruppe gehörenden Wechselteile (z.B.
Armierungsringe, Stempelhalter, Druckstücke) angewählt werden. Anschließend werden alle Einzelteile automatisch zu einer Baugruppenzeichnung zusammengestellt, die auch die wichtigsten Anschlußmaße enthält. Die Erstellung der Baugruppe kann ebenfalls übersprungen werden. Abschließend wird
das Bauteil oder die Baugruppe in der Zusammenbauzeichnung an einer vom
Benutzer anzugebenden Stelle plaziert, wobei verdeckte Sichtkanten und
doppelte Mittellinien automatisch ausgeblendet werden.

Im Anhang befindet sich beispielhaft das detaillierte Flußdiagramm eines
Programms für Stempel. Die Unterprogrammnamen sind selbsterklärend
gewählt.

Bei den Wechselwerkzeugen ist der Programmablauf prinzipiell ähnlich, die
Optionen für Bemaßung und Baugruppenzeichnung entfallen jedoch (Bild 23).
Die Kontur enthält bei manchen Teilen asymmetrische Elemente, z.B. Bohrungen, welche nach der Spiegelung der rechten Halbkontur eingebracht
werden und bei der Schraffur zu berücksichtigen sind. Statt der Bemaßung
wird eine Textfahne in Form einer Sachmerkmalsleiste in das Bauteil eingeblendet, welche neben einer Teilekennung die Hauptabmessungen enthält. Da
ohnehin eine Mutterzeichnung und die Baureihendaten vorhanden sind und
diese Normbauteile in der Regel nicht für jeden Werkzeugsatz neu angefertigt werden, kann eine detaillierte Bemaßung entfallen. Die Programme
vereinfachen sich dadurch wesentlich, wodurch auch die Ausführungszeit
erheblich verkürzt wird.

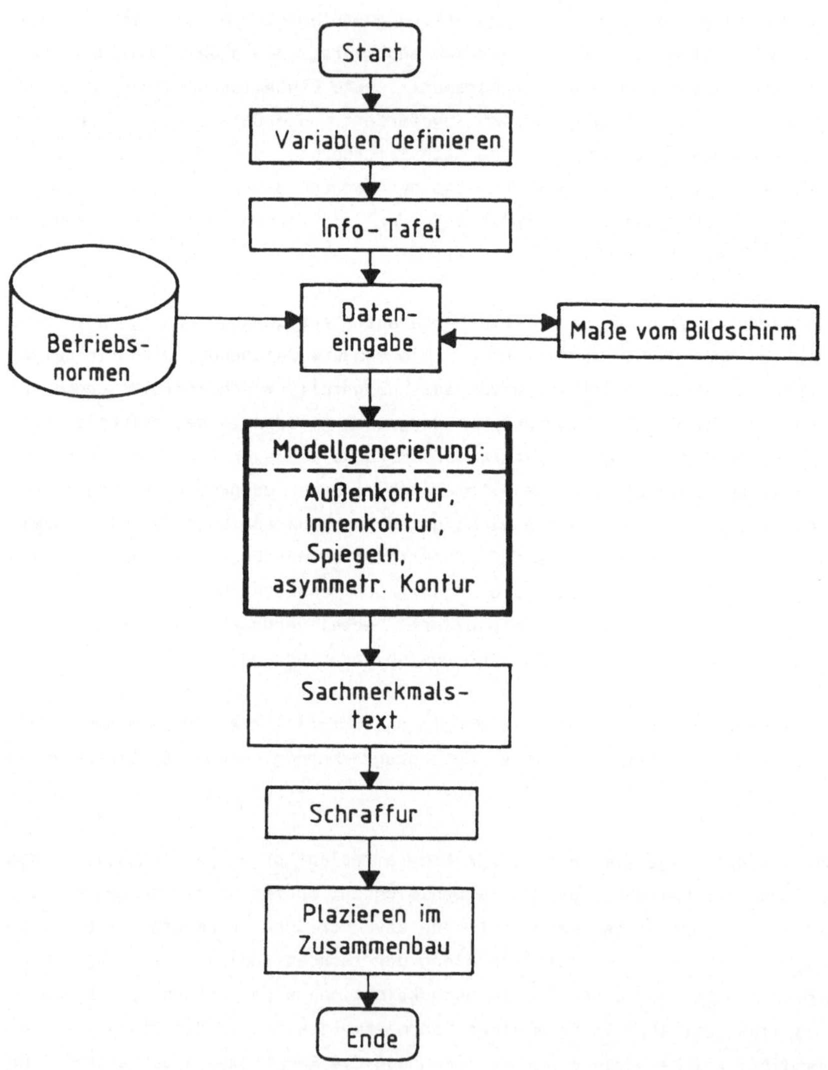

Bild 23: Schematischer Programmablauf für Wechselwerkzeuge.

6.4.8 **Programmvariablen**

Die Variablen des Programmsystems sind nach ihrem Gültigkeitsbereich und Verwendungszweck in drei Klassen einzuordnen:

- **Globale** Variablen haben innerhalb des gesamten Systems Gültigkeit. Sie dienen zum Datenaustausch zwischen abgeschlossenen Programmmodulen. Einige Steuervariablen werden ebenfalls global verwendet. Bestimmte globale Werte stehen für die Weiterverwendung nur solange zur Verfügung, bis sie durch ein Programm derselben Variantenfamilie überschrieben werden, andere werden einmalig bei der Initialisierung des Programmsystems oder beim Laden des Werkzeug-Einbauraums gesetzt und bleiben während des gesamten Konstruktionsprozesses unverändert.

- **Lokale** Variablen gelten nur innerhalb eines Moduls. Sie dienen als Übergabeparameter zwischen einzelnen Programmteilen. Hierzu gehören auch die meisten Steuervariablen.

- **Temporäre** Variablen stellen eine Sonderform der lokalen Variablen dar. Sie dienen zum kurzzeitigen Zwischenspeichern von Werten zur Weiterverwendung innerhalb derselben Programmeinheit (Unterprogramm) und können während des Programmlaufs mehrfach überschrieben werden.

6.4.9 **Datenfluß**

Zur Vermeidung redundanter Dateneingaben sind die einzelnen Programmodule zu einem Gesamtsystem zusammengefügt. Dazu ist zusätzlich zum Datenfluß innerhalb des Programms ein Datenaustausch mit anderen IAGL-Programmteilen konzipiert worden, der den Aufruf der einzelnen Module sowohl einzeln in beliebiger Reihenfolge als auch durch Steuerprogramme verkettet erlaubt. In Bild 24 ist dieses Prinzip für einen Napfstempel dargestellt: Es werden Daten vom Werkstück übernommen, durch Konstanten, eingegebene, berechnete oder normierte Werte ergänzt, und im Variantenprogramm zu einer Stempelzeichnung verarbeitet. Ein Teil der Daten wird weitergeleitet an das Programm für die Stempelaufnahme, ein anderer Teil auf Wunsch an ein Berechnungsprogramm.

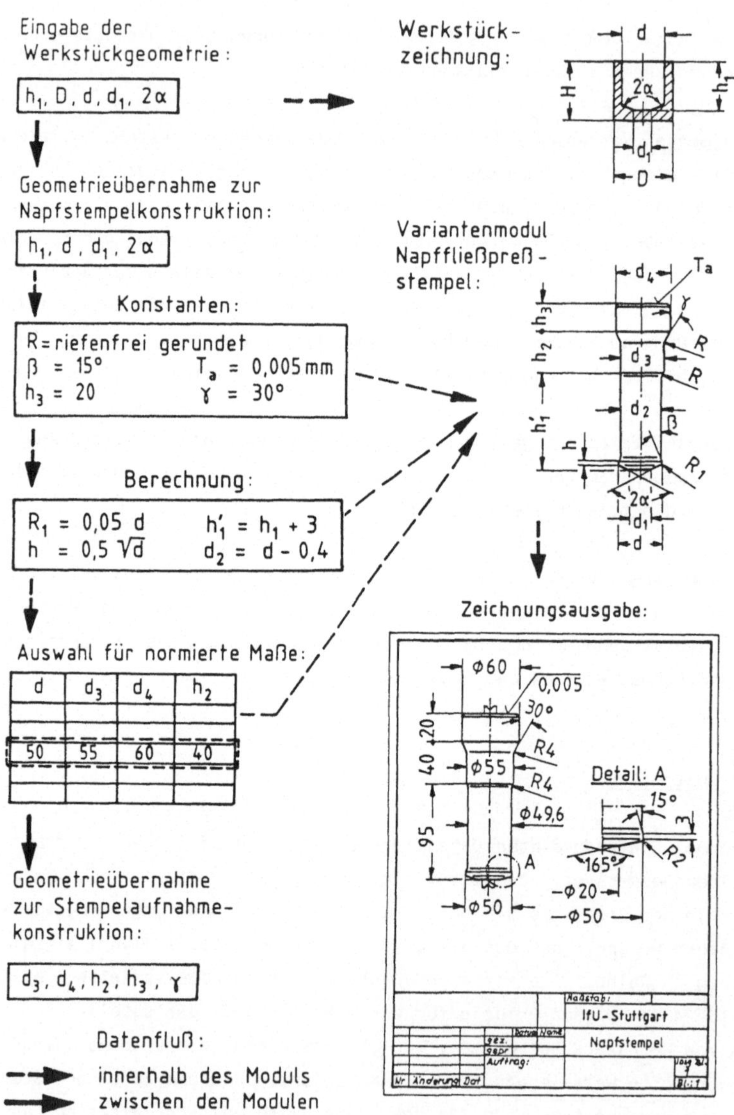

d	d_3	d_4	h_2
50	55	60	40

Bild 24: Datenfluß innerhalb und zwischen Programmodulen.

Der Datenfluß innerhalb eines Programms erfolgt durch lokale Variablen, zwischen den Modulen werden globale Variablen benutzt, oder es werden Maße der am Bildschirm dargestellten Geometrie durch Anwählen mit dem Fadenkreuz übernommen.

Neben einem systeminternen Datenfluß sind <u>Schnittstellen</u> für den Datenaustausch mit außenstehenden Programmen definiert. Hier geschieht der Datentransport über sequentielle Dateien:

- Abmessungen von Stempeln und Matrizen werden an die Berechnungsprogramme übergeben.

- Werkstoffkennwerte werden aus einer Datenbank an die Berechnungsprogramme weitergeleitet.

- Konturbeschreibungsdaten können nach außen gesendet und von außen empfangen werden.

Die Ankopplung der Berechnungsprogramme über diese Schnittstellen ist in Abschnitt 8.6, die Konturdatenschnittstelle in Abschnitt 7.1.3 näher beschrieben.

6.5 Analyse des Werkzeugspektrums

6.5.1 Teilefamilien

Nach einer Analyse der Werkzeugspektren der Projektpartner wurden 47 Werkzeugteile und Einbauräume nach den Gesichtspunkten der Variantenkonstruktion innerhalb der in Tabelle 1 aufgeführten Teilegruppen und Teilefamilien zusammengefaßt. Als primäres Klassifizierungsmerkmal innerhalb der Teilegruppen bietet sich bei Matrizen die Art der Teilung, bei Stempeln das Umformverfahren und bei Wechselteilen die Funktion an. Die Geometrie dient innerhalb der Familien als weiteres Ordnungskriterium. Zusätzlich ist jeweils die Anzahl der Einzelteile je Familie angegeben. Außerhalb der Teilefamilien wurden je ein Abstreifer, Dorn und Spannring ins Teilespektrum aufgenommen.

Durch ein in Abschnitt 7.2.3 beschriebenes Konzept der flexiblen Matrizen und Stempel ist jedoch das Aktivwerkzeug-Spektrum beliebig erweiterbar. Nicht vorprogrammierte Sonderwerkzeuge lassen sich mit Hilfe des Programms zur flexiblen Teilebeschreibung konstruieren. Allgemeine Norm- und Zukaufteile, wie Befestigungselemente, Federn, Stifte etc., sind in den zum Basis-System erhältlichen DIN-Teile- und Normalienbibliotheken enthalten. Für Einbauräume ist zusätzlich eine Zeichnungsbibliothek mit vorgefertigten invarianten Darstellungen vorhanden (vgl. Abschnitt 7.4).

Als Basis für die Variantenprogrammierung wurde zu jedem Werkzeugteil eine Parameterzeichnung mit den variablen und festen Abmessungen angelegt. Weiterhin sind geometrische Abhängigkeiten zwischen den Parametern sowie einzuhaltende Grenzwerte festgeschrieben. Für die Konstruktion von Baugruppen sind diejenigen Parameter markiert, die als Anschlußmaße an benachbarte Bauteile weiterzugeben sind. Einige Beispiele zeigt Bild 25.

Tabelle 1: Anzahl der Werkzeugteile je Teilefamilie.

GRUPPE	TEILEFAMILIE	ANZAHL
Matrizen	ungeteilte Standardmatrizen	5
	quergeteilte Matrizen	3
	Matrizen mit längsgeteiltem Kern	3
Stempel	Napfstempel	4
	HVFP-Stempel	3
	Setzstempel	2
	Gegenstempel	2
	sonstige Stempel	4
Wechsel-teile	Druckplatten, Druckstücke	7
	Armierungsringe	3
	Aufnahmehülsen	3
	Stempelhalter	2
	Auswerfer	2
Grund-Wz.	Einbauräume	4

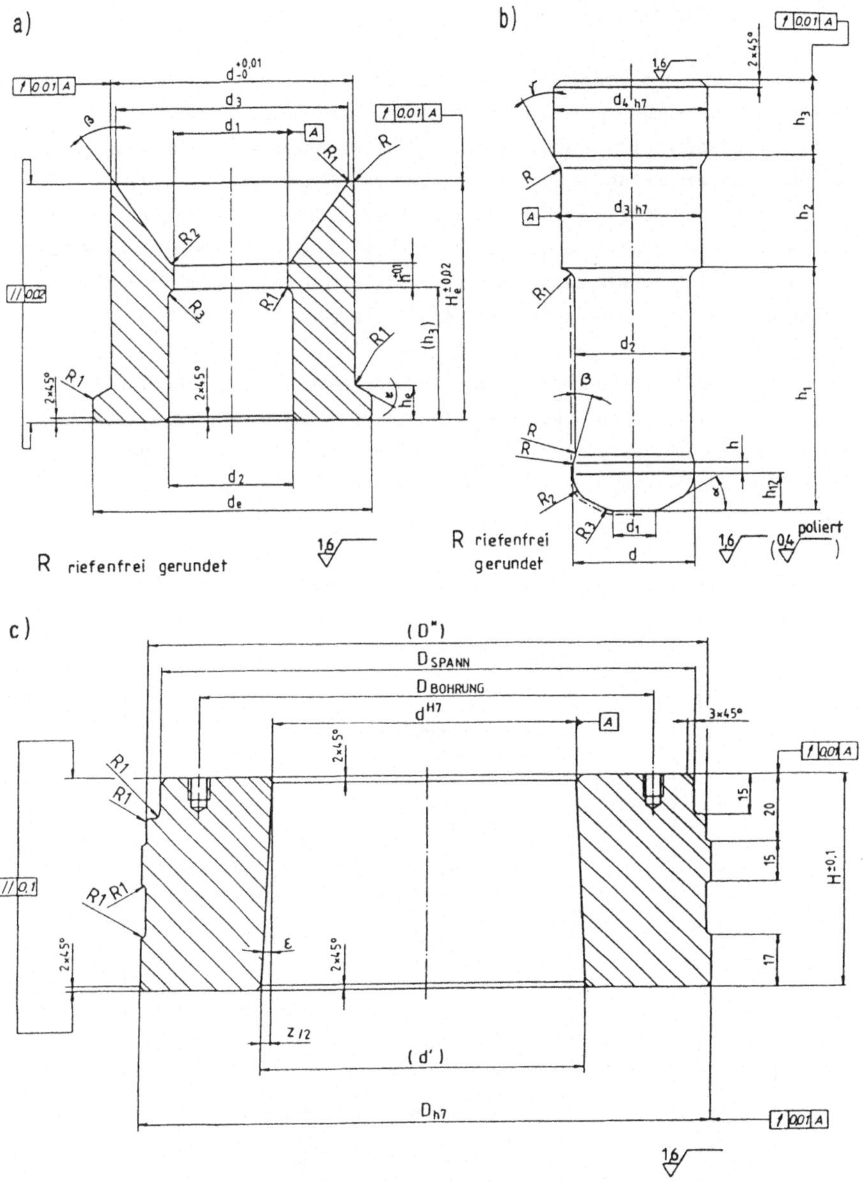

Bild 25: Parametrierte Werkzeugteile: a) Matrizeneinsatz; b) Stempel; c) Armierungsring.

6.5.2 Standardisierte Baureihen

Wie in Tabelle 1 angedeutet, sind die Teilefamilien in vier Gruppen gegliedert, innerhalb derer gleichartige Geometriebereiche auftreten. Für
diese Konturabschnitte wurden Baureihen mit abgestuften Normabmessungen in
Anlehnung an einschlägige Richtlinien und Veröffentlichungen [21; 33; 42;
46; 50; 62; 81-88] sowie an betriebsinterne Erfahrungswerte festgelegt.
Bei den Aktivwerkzeugen handelt es sich hierbei um die Außenmaße an Matrizen sowie die Stempelkopfabmessungen. Die Armierungen sind in die Normreihen der Matrizen einbezogen (Bilder 26 und 27).

Für einige häufig vorkommenden Maße (Fasenbreiten, Kegelwinkel, Verrundungsradien etc.) sind konstante Standardwerte definiert, die für alle
Bauteile verwendet werden (Tabelle 2). Diese Werte werden bei der Initialisierung des Programmsystems in globale Variablen geladen. Sie können
daher leicht an firmenspezifische Werte angepaßt werden.

Tabelle 2: Konstante Abmessungen an den Variantenteilen.

VARIABLE	WERT	BEDEUTUNG
EPSI	1.0	Schrumpfkegelwinkel
FAS1	2.0	Fasenbreite an Matrizenaußenseite
EF	2.0	Einlauffasenbreite
EFW	30.0	Einlauffasenwinkel
ER	2.0	Einlaufradius
R3	10.0	Radius am Hinterschliff
AUFL	3.0	Breite der Auflagefläche zwischen oberer und unterer Teilmatrize (quergeteilte Matrizen)
NEIG	3.0	Neigungswinkel der Oberseite der unteren Teilmatrize (quergeteilte Matrizen)
BOHR	7.5	Durchmesser der Entlüftungsbohrung (Armierung quergeteilter Matrizen)
ALWAB	45.0	Auslaufwinkel (Matrizen mit Einsatz)
GAMMA	30.0	Kopfübergangswinkel
ZETA	30.0	Innenkegelwinkel (VRFP-Stempel)
HSCH	0.4	Hinterschliff (VRFP-Stempel)
FAS2	2.0	Fasenbreite am Stempel
FAS3	1.0	Breite von kleinen Fasen
HUE_W	15.0	Wanddicke von Hülsen

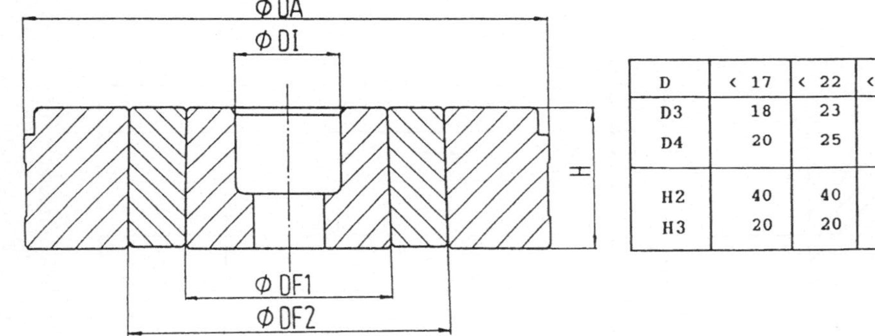

Bild 26: Normabmessungen für armierte Matrizen.

DI	< 15	< 20	< 28	< 35	< 45	< 55	< 70	< 85	< 100
DF1	23	32	45	60	75	90	115	140	180
DF2	45	60	75	90	115	140	180	220	—
DA	75	100	130	160	220	240	360	360	—
H	40,60, 80, 100, 120, 140, 160, 180								

D	< 17	< 22	< 27	< 34	< 44	< 54	< 69	< 89	< 109
D3	18	23	28	35	45	55	70	90	110
D4	20	25	30	40	50	60	80	100	120
H2	40	40	40	40	40	40	40	70	70
H3	20	20	20	20	20	20	20	20	20

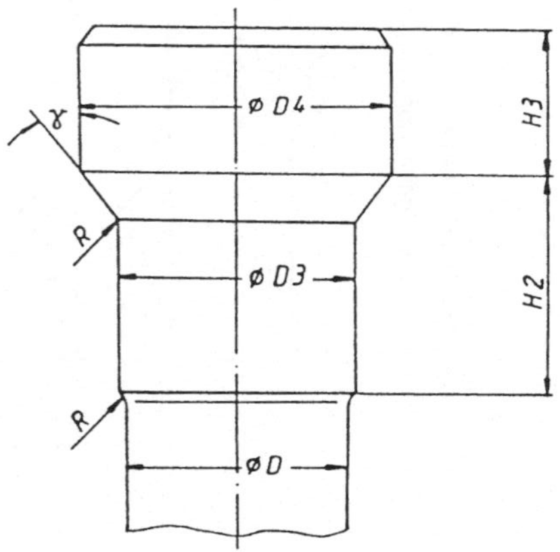

Bild 27: Normabmessungen für Stempelköpfe.

Bei den Wechselteilen sind für nahezu alle Abmessungen Normreihen vorgesehen, die eine möglichst universelle Wiederverwendbarkeit gewährleisten.
Bild 28 zeigt als ein Beispiel die Normdaten einer Druckplatte. Diese
Normwerte sind Grundlage für die Bildschirm-Menüs bei der Dateneingabe. Je
nach Eingabeparameter ist die Auswahl auf diese Werte beschränkt oder es
ist zusätzlich eine freie Eingabe möglich.

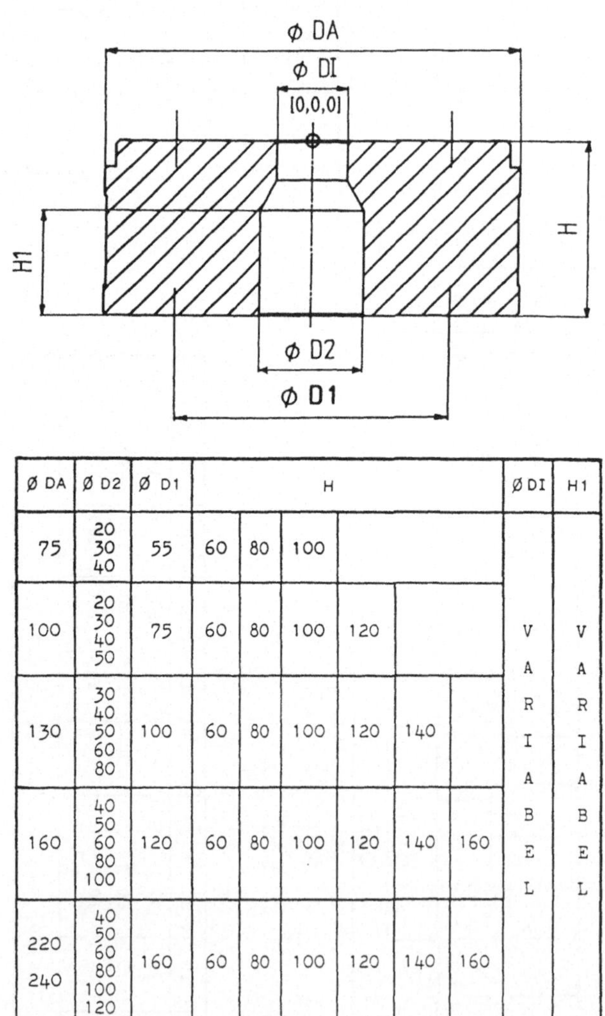

Ø DA	Ø D2	Ø D1	H						Ø DI	H1
75	20 30 40	55	60	80	100					
100	20 30 40 50	75	60	80	100	120			V A R I A B E L	V A R I A B E L
130	30 40 50 60 80	100	60	80	100	120	140			
160	40 50 60 80 100	120	60	80	100	120	140	160		
220 240	40 50 60 80 100 120	160	60	80	100	120	140	160		

Bild 28: Normabmessungen für Druckplatte mit Führungsbund.

7   GEOMETRIEORIENTIERTE MODULE

Die folgenden Abschnitte enthalten in Kurzform die wesentlichen Eigenschaften der Programmodule für die Erstellung und Handhabung von Zeichnungen sowie einige beispielhafte Ergebnisse. Für eine genauere Beschreibung sei auf [89] verwiesen. Anwendungsbeispiele befinden sich in Kapitel 9.

7.1 Flexible Teilebeschreibung

Für eine Weiterverarbeitung von Zeichnungsdaten – sei es innerhalb des Programmsystems oder durch nachgeschaltete Module, wie z.B. NC-Programmierung – ist die Einhaltung einer definierten Datenstruktur zwingend notwendig. Ein umfangreiches CAD-System wie BRAVO 3 bietet dem Benutzer jedoch viele Möglichkeiten zur Zeichnungserstellung, die trotz optischer Übereinstimmung zu datentechnisch unterschiedlichen Ergebnissen führen können. Um Einheitlichkeit zu gewährleisten, wird dem Anwender neben den Variantenprogrammen ein Programmodul zur Beschreibung von Rotationsteilen mit senkrecht stehender Symmetrieachse zur Verfügung gestellt. Wesentliche Zielvorgaben bei der Entwicklung waren minimaler Eingabeaufwand, höchste Flexibilität, volle Kompatibilität zu den Variantenprogrammen sowie Bedienbarkeit ohne vertiefte CAD-Systemkenntnisse.

Bild 29 enthält eine Übersicht über die angebotenen Programmfunktionen im Hauptmenü und in der jeweils ersten Untermenüebene. Weitere Untermenüs enthalten zusätzlich Optionen zur näheren Spezifikation.

Die Beschreibung der Geometrie erfolgt im Gegensatz zu den Variantenteilen nach dem Generierungsprinzip, bei dem grundsätzlich das Element-, Flächen- oder Linienverfahren anwendbar ist. Die Flexibilität, aber auch der Eingabeaufwand steigen hierbei in der Reihenfolge der Nennung. Bei den Geometrieelementen sind technische Elemente mit funktionalem Charakter, z.B. Fasen, Nuten, Bohrungen, Gewinde von rein mathematisch-analytischen Elementen, wie Zylinder, Kegel, Quader zu unterscheiden.

Technische Elemente verlangen ein geringeres Abstraktionsvermögen und kommen der Denkweise des Konstrukteurs entgegen [90]. Im Haupteinsatzbereich des Moduls, bei der Beschreibung von rotationssymmetrischen Kaltumformteilen, bieten jedoch geometrische Elemente in Verbindung mit Linienfunktionen die flexibelste und schnellste Beschreibungsmöglichkeit. Zur Erhöhung der Anschaulichkeit sind die Funktionen im Benutzerdialog nach Möglichkeit mit technischen Bezeichnungen belegt, z.B. "Sichtkanten" oder "Zylinder mit Fase".

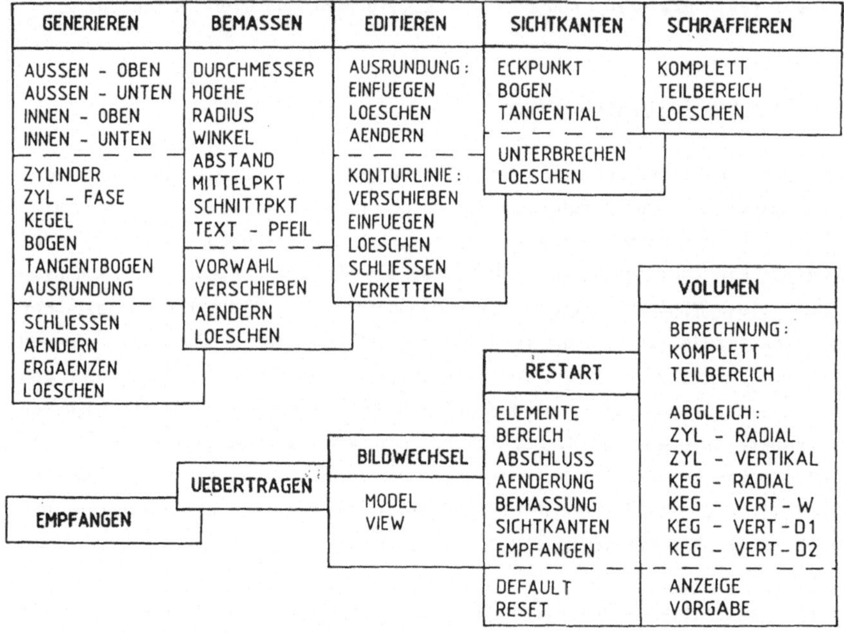

Bild 29: Funktionsumfang des Teilebeschreibungsmoduls.

Die <u>Kontur</u> des Bauteils wird in verschiedenen Teilabschnitten und Beschreibungsrichtungen (außen, innen, von oben, von unten) mittels der geometrischen Grundelemente beschrieben (Menüpunkt "GENERIEREN"). Der Elementvorrat umfaßt Geraden (Zylinder, angefaster Zylinder, Kegel), Bogen und Tangentialbogen, wobei alle scharfen Kanten nachträglich verrundbar sind. Bild 30 zeigt die Konturelemente und die verschiedenen Kombinationsmöglichkeiten der Beschreibungsparameter, die eine flexible Anwendbarkeit gewährleisten. Die Elemente werden in Beschreibungsrichtung automatisch aneinandergereiht, wobei der Anfangsdurchmesser vom vorherigen Element übernommen werden kann. Bei Durchmessersprüngen ergänzt das Programm die nötigen Verbindungslinien. Wegen der Symmetrie braucht nur eine Halbkontur beschrieben zu werden, die Spiegelung und Erzeugung einer Mittellinie

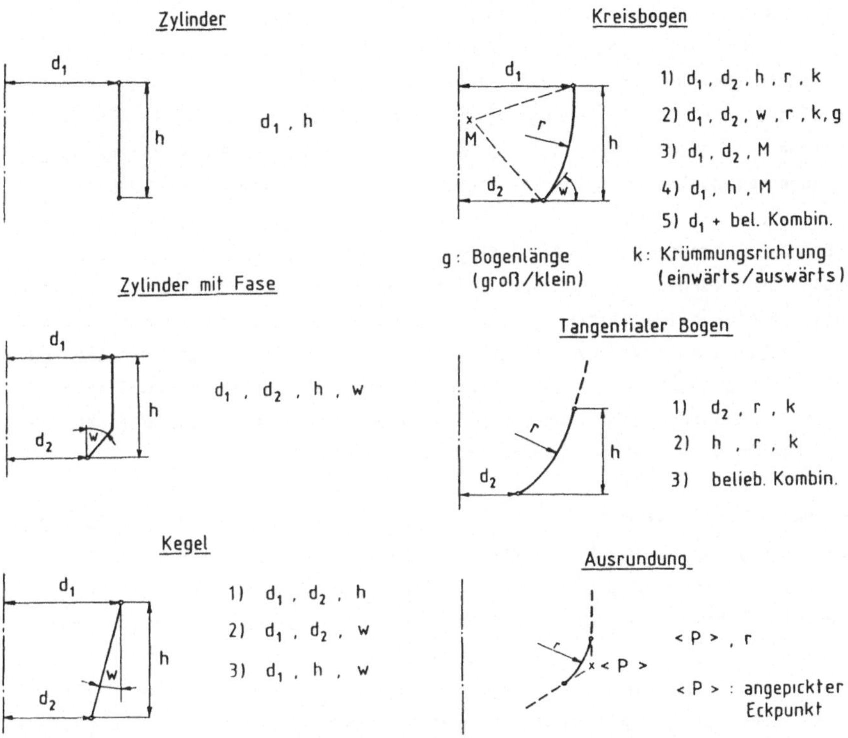

Bild 30: Beschreibungsparameter der Konturelemente.

geschieht automatisch. Dadurch sind die nötigen Eingaben auf ein Minimum reduziert.

Gegenüber einem Universalelement, wie in [35] beschrieben, haben mehrere verschiedene Geometrieelemente für den Anwender den Vorteil größerer Anschaulichkeit und verlangen keine unnötigen Leereingaben (Nullsetzen von Parametern). Bedingt durch einfachere Programmierung führen sie außerdem zu einem günstigeren Antwortzeitverhalten.

Das Bemaßen der fertiggestellten Kontur wird durch eine Reihe von Funktionen unterstützt. Neben Standardfunktionen gibt es zwei Möglichkeiten, um auch nicht in der Kontur vorhandene und damit nicht am Bildschirm identifizierbare Punkte zu bemaßen, wie es in der manuellen Zeichenpraxis üblich ist: das Bemaßen von Kreismittelpunkten und von virtuellen Eckpunkten bei verrundeten Kanten, indem die angrenzenden Linien durch Hilfslinien bis zum Schnitt verlängert werden. Bei der Bemaßung bestehen erfahrungsgemäß für ungeübte Systembenutzer besonders viele Fehlerquellen, die bei Anwendung der Programmfunktionen zuverlässig vermieden werden. So hilft z.B. der eingebaute Algorithmus zur Suche des nächstgelegenen Eckpunkts beim Identifizieren der zu bemaßenden Konturpunkte.

Für das Erzeugen von Sichtkanten und zum Schraffieren sind ebenfalls Funktionen vorgesehen. Zum Schraffieren eines Teilbereichs der Kontur kann eine Freihand-Trennlinie als Schraffurbegrenzung eingezeichnet werden. Die Sichtkante an eine verrundete Kante wird automatisch auf der Höhe der ursprünglichen Ecke als dünne Linie mit einer Lücke zur Kontur erzeugt. Die Sichtkanten gehorchen den Konventionen für die Ausblendefunktionen und können so von diesen berücksichtigt werden.

Weiterhin ist eine Anzahl von Funktionen für Änderungen an bestehenden Zeichnungen vorhanden (Menüpunkt "EDITIEREN"), die auch für fortgeschrittene CAD-Anwender gegenüber den normalen Systemfunktionen erhebliche Zeitvorteile bieten, wie z.B. bei der Änderung eines Verrundungsradius.

Die Funktionen zur Volumenberechnung und zum Volumenabgleich sind aus praktischen Erwägungen ebenfalls in diesen Modul integriert, um diese bei der Stadienplanbeschreibung direkt anwenden zu können. Einzelheiten sind bei den Berechnungsmodulen in Abschnitt 8.1 beschrieben.

Die Menüpunkte "EMPFANGEN" und "ÜBERTRAGEN" verkörpern eine Konturdatenschnittstelle zur Kommunikation mit externen Programmen, die über keine der gängigen CAD-Normschnittstellen verfügen. Das Datenformat ist in Abschnitt 7.1.3 beschrieben.

Die Hilfsfunktionen "BILDWECHSEL" und "RESTART" dienen der einfacheren Handhabung des Programms.

Die beiden wesentlichen Anwendungsbereiche des Moduls sind die Beschreibung von Werkstücken und Stadienplänen sowie die Konstruktion von Sonderwerkzeugen.

7.1.1 <u>Werkstücke und Stadienpläne</u>

Die Werkstückgeometrie der einzelnen Fertigungsstadien wird interaktiv über den Konturbeschreibungsmodul aus den verschiedenen Geometrieelementen oder durch Übernahme von Konturdaten aus externen Programmen für die Stadienplanung beschrieben und bemaßt. Ein wichtiges Kriterium bei der Stadienplanerstellung ist die Wahrung der Volumenkonstanz. Bei komplexen Werkstückformen ist dies ein sehr rechenintensiver und somit zeitaufwendiger Vorgang. Hierbei können vorteilhaft die Funktionen zur Volumenberechnung und zum Volumenabgleich eingesetzt werden. In Bild 31 ist ein mit diesem Modul beschriebenes, komplett bemaßtes Werkstück abgebildet.

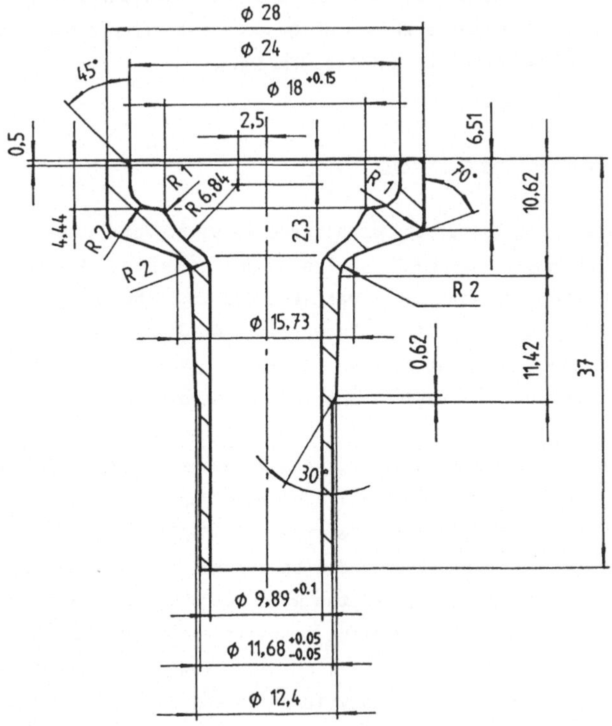

Bild 31: Kaltumformteil, beschrieben und bemaßt mit dem Teilebeschreibungsmodul.

7.1.2 **Sonderwerkzeuge**

Das Konturbeschreibungsprogramm ist ebenso für die Neu- und Anpassungskonstruktion von Werkzeugbauteilen einsetzbar, für die kein Variantenprogramm vorgesehen ist, sowie für Änderungen an Bauteilen, die mittels Variantenprogramm erzeugt wurden. Hierbei kommen neben den Generierungsfunktionen vor allem die Änderungsfunktionen zum Einsatz. Damit stehen auch dem weniger versierten Systembenutzer eine Vielzahl von teilweise komplexen Funktionen zum Erzeugen und Verändern von bemaßten Zeichnungen rotationssymmetrischer Teile zur Verfügung. Diese ermöglichen gegenüber den normalen Systembefehlen ein wesentlich rationelleres und sichereres Arbeiten, da auch die typischen Bedienungsfehler durch das Programm abgefangen werden. Das Ergebnis ist in jedem Fall ein datentechnisch einwandfreies, für die NC-Programmierung weiterverwendbares Geometriemodell und eine assoziativ richtig mit der Geometrie verknüpfte Bemaßung.

7.1.3 **Konturdatenschnittstelle**

Die bidirektionale Konturdatenschnittstelle dient zum Datenaustausch mit externen Programmen, die nicht über eine der genormten CAD-Schnittstellen verfügen, mittels sequentieller Dateien. Ein möglicher Anwendungsfall ist die Ankopplung eines Systems zum Entwurf von Stadienplänen. Die Funktion eignet sich jedoch auch zum Ablegen von Werkzeugkonturen in sehr kompakter Form als Alternative zur Speicherung in Bibliotheken.

Nach Eingabe des Dateinamens erzeugt das Programm aus den eingelesenen Datensätzen die Kontur, eine Mittellinie passender Länge, sowie bei Bedarf eine Schraffur. Dann erhält der Benutzer die Möglichkeit, interaktiv mit Hilfe der vorhandenen Funktionen die benötigten Sichtkanten anzubringen. Eine Automatisierung dieses Schrittes wäre bei entsprechender Erweiterung der Schnittstellendefinition möglich, stellt jedoch höhere Anforderungen an das sendende System. Beim Erstellen einer Konturdatei wird zunächst - falls noch nicht geschehen - das Volumen berechnet, dann werden die Koordinaten der Eckpunkte und Tangentenpunkte aus der am Bildschirm dargestellten Teilekontur extrahiert und in die Datei geschrieben. Die Schnittstellendefinition geht aus Bild 32 hervor. Sie ist bewußt einfach aufgebaut und auf das zweckdienliche Maß beschränkt, um die Anforderungen an das externe Empfänger- bzw. Senderprogramm niedrig zu halten.

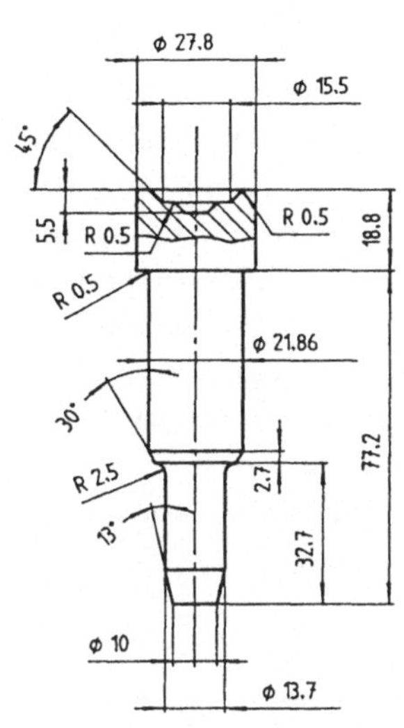

Kopfteil:		
Name	BOLZEN_3	
Anzahl	18	
Volumen	31643.00	

	X	Y	R
K	0.00	90.50	0.00
o	2.50	90.50	0.00
o	4.85	92.85	0.00
r	5.21	93.00	0.50
d	7.75	93.00	0.00
i	10.60	95.85	0.00
n	10.96	96.00	0.50
a	13.90	96.00	0.00
t	13.90	77.20	0.00
e	11.43	77.20	0.00
n	10.93	76.70	-0.50
	10.93	35.40	0.00
	9.37	32.70	0.00
	9.35	32.70	0.00
	6.85	30.20	-2.50
	6.85	8.00	0.00
	5.00	0.00	0.00
	0.00	0.00	0.00

Bild 32: Definition der Konturdatenschnittstelle.

Es ist beispielhaft der Datensatz zu dem abgebildeten Werkstück angegeben. Er besteht aus einem Kopfteil mit Benennung, Anzahl der Konturda-
tenzeilen und Volumen in mm³, sowie dem Konturteil mit Koordinaten- und
Radiusangaben in mm. Das Vorzeichen beim Radius unterscheidet zwischen
konvexer und konkaver Krümmung; bei Geraden ist der Wert gleich Null. Es
wird lediglich die rechte Halbkontur im Uhrzeigersinn beschrieben, beginnend oben an der Mittellinie. Der Kopfteil kann leicht um weitere
Einträge erweitert werden, so daß bei Bedarf zusätzliche Funktionalität
in diese Schnittstelle integrierbar ist.

7.2 Aktivwerkzeuge

Jede der gebildeten Teilefamilien in den Teilegruppen Matrizen und Stempel
ist durch ein Variantenprogramm abgedeckt. Einzelheiten zur Dialoggestal-
tung, zur Programmstruktur und weitere übergreifende Konzepte sind bereits
in Kapitel 6 erläutert. Nachfolgend soll der Programmablauf vorrangig aus
der Sicht des Anwenders dargestellt werden.

7.2.1 **Stempel**

Die Bauteilgruppe Stempel umfaßt 5 Teilefamilien mit insgesamt 15 Stempeltypen. Der Aufruf erfolgt direkt aus der Zusammenbauzeichnung heraus über
die zugehörigen Tablettfelder oder über ein übergeordnetes Auswahlprogramm
für Stempeltypen. Am Bildschirm erscheint zunächst eine Menüleiste zusammen mit der Darstellung aller verfügbaren Stempelfamilien einschließlich
des Typs mit flexibler Stirnkontur (Bild 33). Nach der Auswahl der Familie
erscheint eine ähnliche Übersicht zur Auswahl des Stempeltyps. Danach werden die Eingaben angefordert während eine Parameterzeichnung des gewählten
Stempels eingeblendet wird. Das Programm sucht daraufhin die Stempelkopfabmessungen passend zum Schaftdurchmesser aus der festgelegten Baureihen-
tabelle heraus.

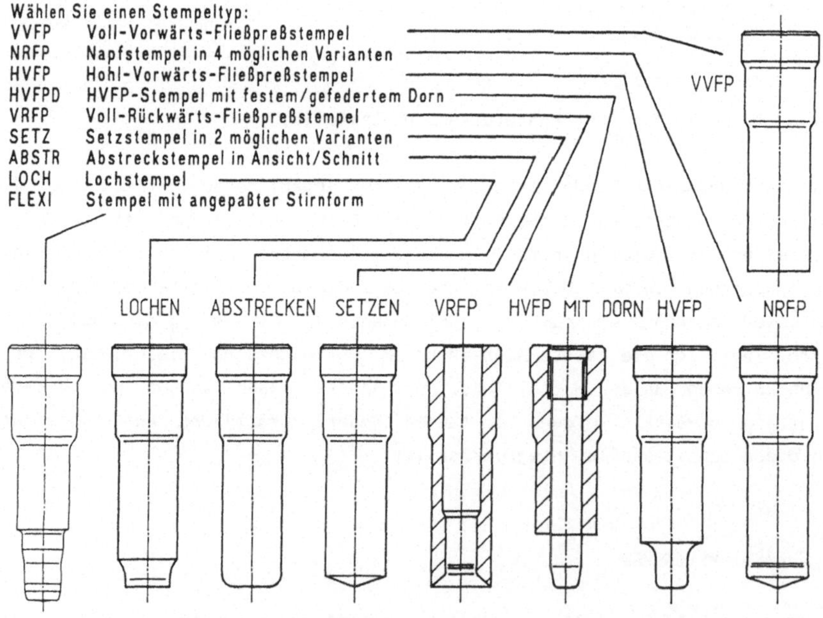

Bild 33: Auswahlmenü für die Stempelfamilie.

Nun besteht die Möglichkeit, den Stempel mit den gewählten Abmessungen
nachzurechnen. Das Berechnungsprogramm wird über den Kopplungsmodul gestartet und erhält alle relevanten Stempeldaten zugespielt (vgl. Abschnitt

8.3). Abhängig vom Ergebnis kann der Programmlauf abgebrochen oder fortgesetzt werden. Das Programm erstellt dann eine Einzelteilzeichnung, die auf Wunsch vollständig fertigungsgerecht bemaßt wird (Bild 34). In diesem Fall werden die Eintragungen für das Zeichnungsschriftfeld angefordert und ein genormter Zeichnungsrahmen hinzugefügt. Die benötigte Blattgröße erkennt das Programm selbständig.

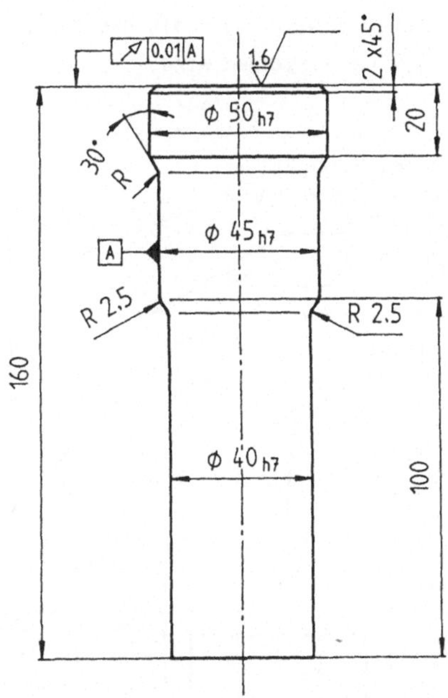

Bild 34: Fertigungszeichnung eines VVFP-Stempels.

Anschließend entscheidet der Anwender, ob er sofort eine Stempelbaugruppe bestehend aus Stempel, Stempelhalter, Druckstück und ggf. Dorn konstruieren möchte, wobei die Maße des Stempelkopfs ohne Neueingabe weiterverwendet werden. Einzelheiten hierzu sind in Abschnitt 7.2.4 beschrieben.

Das erstellte Bauteil oder die Baugruppe wird abschließend unter Angabe von Plazierungspunkt und Drehwinkel in die Zusammenbauzeichnung eingefügt. Die automatische Sichtbarkeitssteuerung bewirkt, daß nur die nicht verdeckten Teile der Geometrie und eine eventuelle Schraffur angezeigt werden.

7.2.2 **Matrizen**

Der Ablauf der Variantenprogramme für Matrizen stimmt weitgehend mit dem
der Stempelprogramme überein. Es sollen deshalb hier nur die Unterschiede
dargestellt werden.

Bild 35 zeigt das am Bildschirm erscheinende Auswahlmenü für die Familie
der ungeteilten Matrizen. Es enthält auch die Matrize mit flexibler Innenkontur, auf die später noch eingegangen wird.

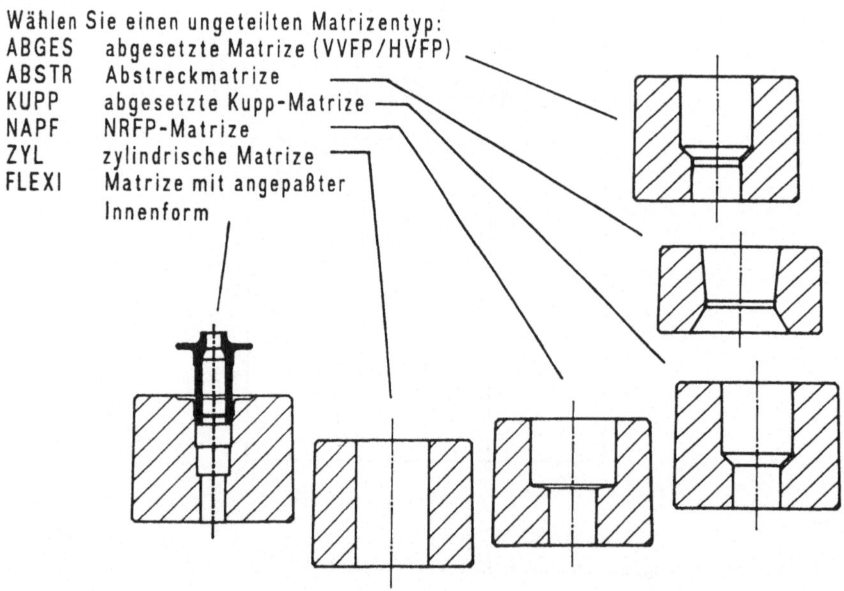

Bild 35: Auswahlmenü für ungeteilte Matrizen.

Das Berechnungsprogramm kann bei Matrizen bereits während des Eingabedialogs angewählt werden, da es auch die Möglichkeit zur Auslegung bietet und
mit einem unvollständigen Eingabedatensatz gestartet werden kann. Die Wahl
der richtigen Abmessungen und Werkstoffe für dieses kritische Bauteil ist
damit sofort durch Berechnungen abgesichert. Auch nach der Zeichnungserstellung ist der Aufruf des Berechnungsprogramms noch möglich.

Die Außenabmessungen der Matrize sind in Abstimmung mit den verfügbaren Armierungen als Baureihe festgelegt. Diese Werte werden in den Auswahlmenüs bei der Dateneingabe angeboten und sind vorzugsweise zu verwenden. In Bild 36 ist ein Beispiel für eine Matrizenzeichnung abgebildet.

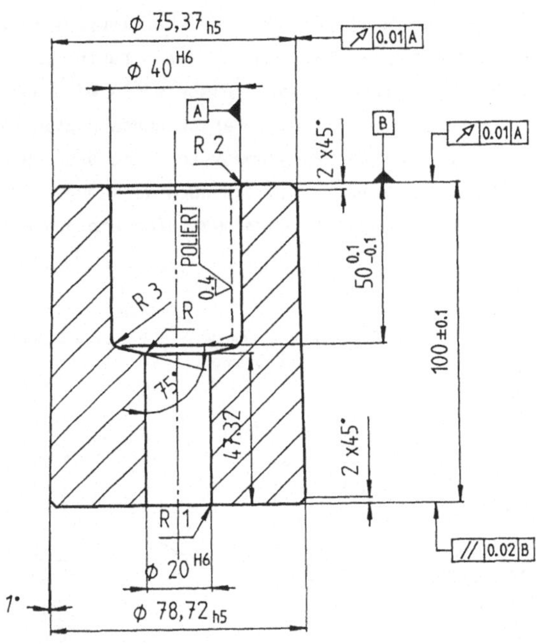

Bild 36: Fertigungszeichnung einer VVFP-Matrize.

Eine Matrizenbaugruppe besteht aus der Preßbüchse - evtl. mit Einsatz - und bis zu zwei Armierungsringen. Die Abmessungen des jeweils innenliegenden Bauteils können automatisch nach außen übernommen werden, wobei die Durchmesser um die angegebenen Haftmaße korrigiert werden (vgl. Abschnitt 7.2.4).

7.2.3 Werkzeuge mit flexibler Wirkkontur

Da durch Variantenprogramme allein nicht sämtliche in der Kaltmassivumformung auftretenden Werkzeugformen erfaßt werden können, ist ein zusätzlicher Programmodul für die Anpassung der formgebenden Werkzeugkonturen an das Werkstück vorgesehen. Durch ein Variantenprogramm wird lediglich eine Werkzeugrumpfkontur erstellt (Matrizenaußenform bzw. Stempelkopf mit provisorischen Sichtkanten). Anschließend werden Konturbereiche des Werkstücks komplett als Teilkonturen lagerichtig für die Werkzeuge übernommen. Das interaktive Trimmen und Ergänzen der Konturbereiche bis hin zur fertigen Einzelteilzeichnung (Verbinden mit der Werkzeugrumpfkontur, Sichtkanten anbringen, Schraffieren, Bemaßen, Konturkorrektur zur Berücksichtigung von elastischen Verformungen oder Einlegespiel) wird durch Programmfunktionen unterstützt. Bild 37 zeigt verschiedene Phasen dieser Vorgehensweise. Die Flexibilität des Programmsystems und das Werkzeugspektrum werden somit erheblich vergrößert, so daß auch Werkzeuge für Verfahrenskombinationen und für komplizierte Formpreßstufen einfach und schnell zu konstruieren sind.

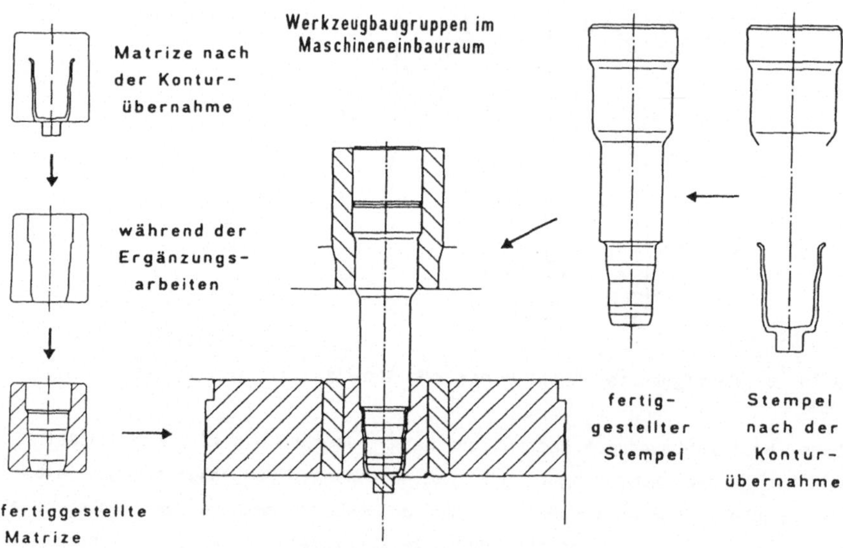

Bild 37: Konstruktion von Aktivwerkzeugen mit angepaßter Wirkkontur.

Voraussetzung für die Anwendung des Moduls ist ein im Werkzeugraum der entsprechenden Pressenstufe plaziertes Werkstück. Nach dem Start fordert das Programm zum Setzen von Hilfslinien an Ober- und Unterkante der Matrize bzw. an der Stempelspitze sowie an der Werkstückoberkante auf. Diese dienen zur lagerichtigen Übergabe der Werkstückkontur ins Werkzeug.

In Bild 38 ist das Werkstück in der Pressenstufe zusammen mit den Hilfslinien zu sehen. Zur Veranschaulichung sind die später hinzukommenden
Werkzeugteile gestrichelt eingezeichnet.

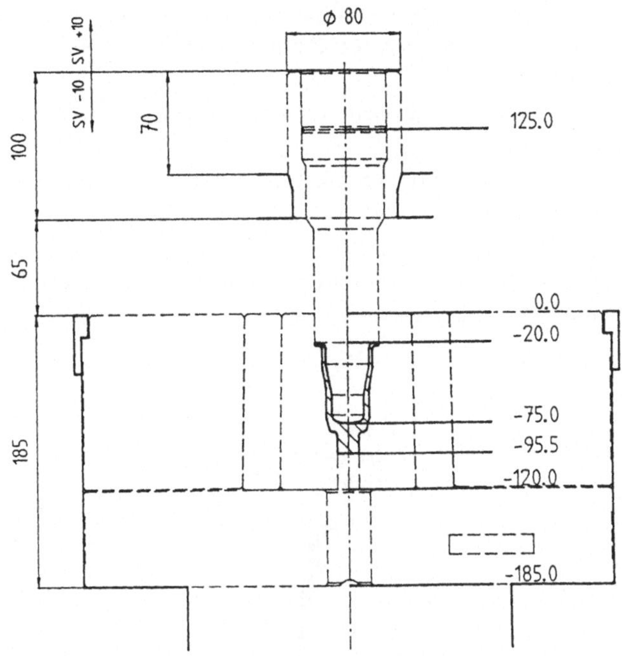

Bild 38: Konstruktionslinien für flexible Aktivwerkzeuge.

Die Dateneingabe beschränkt sich auf die Werte für die Rumpfkontur, die
daraufhin zusammen mit der lagerichtig einkopierten Werkstückkontur am
Bildschirm erscheint. Zur interaktiven Fertigstellung der Zeichnung stehen
dem Anwender folgende Funktionen zur Verfügung:
  - LÖSCHEN von einzelnen Kontursegmenten oder zusammenhängenden Kontur-
    bereichen,
  - ERGÄNZEN vertikaler Verbindungslinien zur Rumpfkontur mit automati-
    scher Anpassung der Sichtkanten, für NRFP-Stempel auf Wunsch Fließ-
    bund mit hinterschliffenem Schaft,
  - ANPASSEN der provisorischen Sichtkanten an die Innenkontur,
  - VERSCHNEIDEN von sich kreuzenden Linien entweder scharfkantig oder
    mit Verrundung,

- VERSCHIEBEN von Konturbereichen in horizontaler und vertikaler Richtung zur Vorkorrektur von elastischer Werkzeugaufweitung bzw. -auf-
  stauchung oder für ein Einlegespiel im Matrizenaufnehmer. Bild 39
  zeigt die Auswahl des Konturbereichs durch Aufspannen eines Rechtecks
  über zwei mit dem Fadenkreuz abgesetzte Diagonalenpunkte. Der Ver-
  schiebeweg kann in mm oder bei Stempeln auch in % der Stempellänge
  angegeben werden.
- SCHRAFFIEREN von geschlossenen Konturbereichen,
- SICHTKANTEN ergänzen,
- BEMASSEN der Rumpfkontur (automatisch) und der Wirkkontur (interaktiv), Einblendung eines Zeichnungsrahmens.

Die drei letztgenannten Funktionen bewirken einen Sprung zu den gleichna-
migen Routinen des Teilebeschreibungsmoduls.

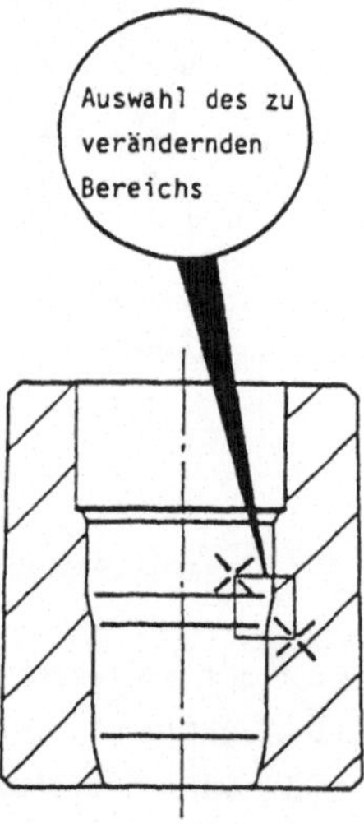

Bild 39: Auswahl von Konturbereichen am Bildschirm.

Nach Abschluß der Ergänzungen wird bei Stempeln die Nachrechnung und die
Erstellung einer Stempelbaugruppe, bei Matrizen die Konstruktion der
Armierungen und der Matrizenbaugruppe angeboten. Abschließend können die
Bauteile im Zusammenbau plaziert werden.

7.2.4 **Baugruppen**

Obwohl dem Pflichtenheft folgend keine durchgehende Konstruktion von kompletten Werkzeugen angestrebt wurde, erweist es sich in der Praxis als hilfreich, wenn einzelne Funktionsgruppen zusammenhängend erstellt werden können. Daher besteht bei den Aktivteilen Matrize und Stempel die Möglichkeit, während eines Programmlaufs komplette Baugruppen mit folgender Zusammensetzung zu konstruieren:

- Matrizen: Preßbüchse, ggf. Matrizeneinsatz, 1 bis 2 Armierungen.
- quergeteilte Matrizen: zusätzlich Druckplatte, Einbauhülse und Spannmutter,
- Stempel: Stempel, Stempelhalter, Druckstück, ggf. Dorn.

Da alle Anschlußmaße vom benachbarten Bauteil direkt zu übernehmen sind, reduzieren sich Eingabeaufwand und Fehlerquellen entsprechend.

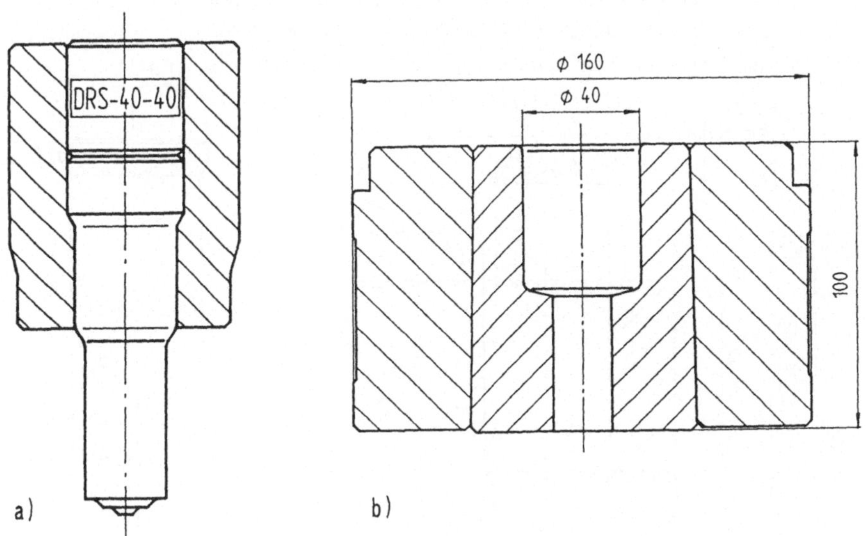

Bild 40: Baugruppenzeichnungen: a) Stempelbaugruppe; b) Matrizenbaugruppe mit Anschlußmaßen.

Von jedem Element der Baugruppe wird zunächst eine Einzelteilzeichnung angefertigt, bevor alle Einzelteile zu einer Baugruppenzeichnung zusammengestellt werden. Die Stufe 1 der Sichtbarkeitssteuerung sorgt für eine korrekte Darstellung ohne gegenseitige Durchdringung. Die Baugruppe wird mit den für die weitere Konstruktion wichtigen Anschlußmaßen versehen. Bild 40 zeigt je eine Baugruppe mit und ohne Anschlußmaße.

Die Anschlußmaße werden im Gegensatz zur Einzelteilbemaßung in die Zusammenbauzeichnung übernommen und können dort über die 2. Stufe der Sichtbarkeitssteuerung temporär eingeblendet werden. Sie bieten somit neben den Abfragefunktionen des Basis-Systems eine schnelle Möglichkeit, sich während des Konstruierens im Zusammenbau über wichtige Abmessungen zu informieren.

7.3 Wechselwerkzeuge

Die Wechselwerkzeuge bilden eine heterogene Bauteilgruppe mit sehr unterschiedlicher Familiengröße. Für die umfangreiche Druckplatten-Familie ist wie bei den Aktivwerkzeugen eine zweifache Auswahlmöglichkeit vorgesehen, die übrigen Teile sind ausschließlich über Tablettfelder zugänglich.

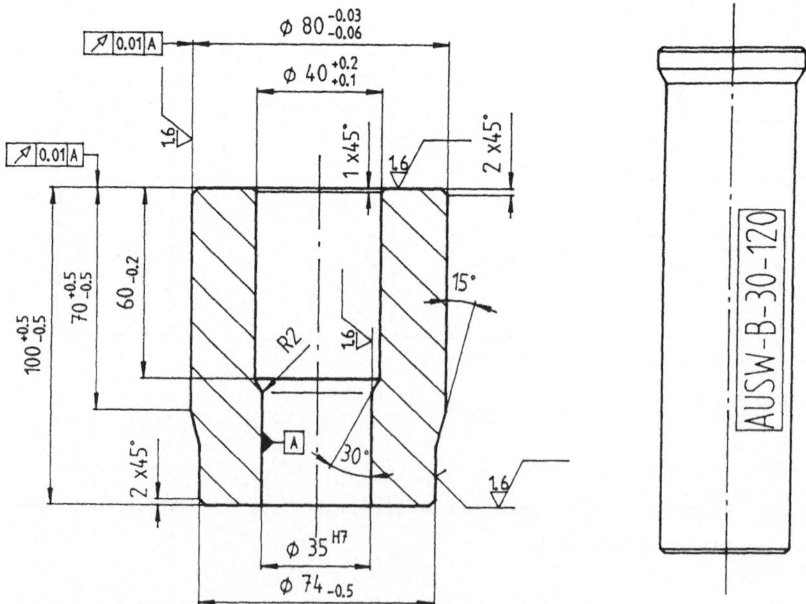

Bild 41: Wechselteilzeichnungen mit und ohne Bemaßung.

Die Variantenprogramme decken jeweils eine Teilefamilie ab. Sie laufen für den Benutzer nach einheitlichem Schema ab, wobei die bereits vorgestellten Konzepte zur Anwendung kommen. Bei der Dateneingabe werden die festgelegten Abmessungen in der Menüleiste angeboten. Soll in Ausnahmefällen ein davon abweichender Wert eingegeben werden, so muß dies vom Benutzer bewußt über den Menüpunkt "KEINE NORM" eingeleitet werden. Die Verwendung nicht genormter Maße wird somit ausreichend erschwert, jedoch nicht vollständig verhindert. Eine automatische Bemaßung ist außer bei Armierungsringen und Stempelhaltern nicht vorgesehen, da Wechselteile in der Regel nicht neu anzufertigen sind. Für Einzelfälle stehen die Bemaßungsfunktionen des Teilebeschreibungsmoduls oder des Basis-Systems zur Verfügung. In Bild 41 ist für beide Gattungen je ein Wechselteil dargestellt.

7.4 Werkzeug-Einbauräume

Bei Bauteilen mit geringer Variationsbreite oder auch bei Teilen mit sehr großer Verwendungshäufigkeit kann es gegenüber der Variantenprogrammierung vorteilhafter sein, mit dem CAD-System interaktiv Zeichnungen zu erstellen und unter einem Namen, der Auskunft über die gewählte Parameterkombination gibt, in einer Zeichnungsbibliothek abzulegen. Dadurch sind bei der Wiederverwendung in der Regel kürzere Antwortzeiten zu erreichen als beim Ablauf eines Variantenprogramms. Es ist jedoch mit einem erheblich höheren Speicherplatzbedarf zu rechnen, da für sämtliche Parameterkombinationen Zeichnungen vorhanden sein müssen.

Bei einer kombinierten Methode werden sowohl Variantenprogramme als auch für gängige Parameterkombinationen bereits fertige Zeichnungen bereitgestellt. Der Konstrukteur hat dann die Möglichkeit, eine noch nicht vorhandene Variante per Programm zu erzeugen und für die Wiederverwendung in einer Bibliothek abzulegen oder selten gebrauchte Ausführungen wieder aus der Bibliothek zu entfernen und somit Speicherplatz freizugeben. Dieses Prinzip kommt bei den Werkzeug-Einbauräumen von Pressen zur Anwendung.

Die Einbauräume von 13 ein- oder mehrstufigen Kaltumformpressen aus dem Maschinenpark der Projektpartner sind als Zeichnungen in einer Bibliothek abgelegt. In Tabelle 3 sind die berücksichtigten Maschinen und ihre Bauart aufgelistet. Die Zeichnungen sind auf das Wesentliche vereinfacht (nur Umrisse), enthalten jedoch alle für den Konstrukteur wichtigen Maße und

Maschinenparameter (Bild 42). Als Vorteile ergeben sich hieraus rascher Bildaufbau und minimaler Speicherplatzbedarf.

Tabelle 3: Maschinen in der Einbauraumbibliothek.

HERSTELLER	TYP	PRESSEN-BAUART
Maypres	MKR 300	1-stufig, vertikal, Kurzhub
Maypres	MKR 300	1-stufig, vertikal, Langhub
Kieserling & Albrecht	160	1-stufig, vertikal
Kieserling & Albrecht	400	1-stufig, vertikal
Exner	E 450	1-stufig, vertikal
Schuler	KB 630	1-stufig, vertikal
Schuler	KB 630-3	3-stufig, vertikal
Lasco	L 800	3-stufig, vertikal
SMG	HKT 1000	3-stufig, vertikal
SMG	HKT 800	3-stufig, vertikal
Maypres	OKN 630	5-stufig, vertikal
Pelzer & Ehlers	GB 24-5	5-stufig, horizontal
Schuler	GB 36-5	5-stufig, horizontal

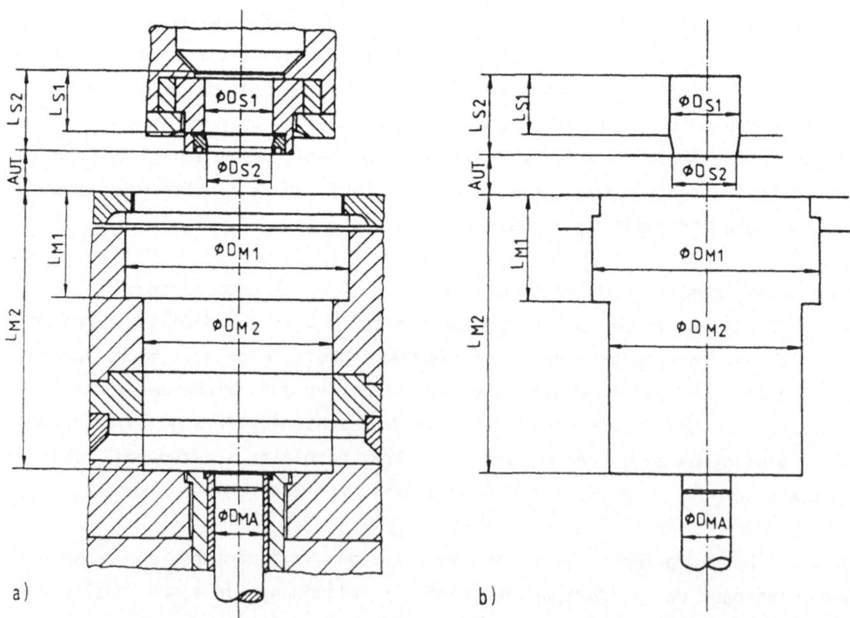

Bild 42: Werkzeug-Einbauraum: a) detaillierte, b) schematische Darstellung.

In Übereinstimmung mit der konventionellen Zeichenpraxis sind alle Einbauräume stehend gezeichnet, ungeachtet der tatsächlichen Maschinenbauart.
Weiterhin sind alle technischen Daten der Maschinen in externen Text-
dateien enthalten, die am Bildschirm aufgelistet werden können. Änderungen
sind daher einfach und ohne Eingriff in die Programme möglich.

Zum Abrufen der Zeichnungen oder der Maße und Maschinendaten wurde ein
Verwaltungsprogramm mit folgenden Funktionen entwickelt:

- AUSWAHL eines Einbauraums aus einem Inhaltsverzeichnis der Bibliothek
  und Darstellung des gewählten Einbauraums in der aktuellen oder einer
  neuen Konstruktionsdatenbank. Die Zeichnung kann wahlweise einkopiert
  oder referenziert (eingeblendet) werden. Im ersten Fall sind Verände-
  rungen möglich und die Datenbank kann z.B. auf ein BRAVO-System eines
  Kunden übertragen werden. Es wird jedoch mehr Speicherplatz benötigt.
  Im zweiten Fall ist die Einbauraum-Zeichnung vor Zugriff geschützt
  und benötigt sehr wenig Speicherplatz, da nur ein Zeiger auf die
  Bibliothek gesetzt wird. Änderungen in der Bibliothek wirken sich
  dann auf alle abgeleiteten Zeichnungen aus. Nach Aufruf eines
  Einbauraums stehen dessen Kenndaten in einem Satz globaler Variablen
  für alle Anwendungsprogramme zur Verfügung. Eine neu eröffnete
  Datenbank wird automatisch für das Anwendungssystem initialisiert.

- INFORMATION anzeigen über einen Einbauraum aus der Bibliothek. Alle
  gespeicherten technischen Daten und Abmessungen werden aufgelistet.
  Ein Beispiel eines Datenblattes befindet sich in Abschnitt 9.2.

- Unter Menüpunkt "MANAGE" sind für autorisierte Systembetreuer Funktionen zur Variantenkonstruktion neuer Einbauräume und zum Einstel-
  len, Ändern und Löschen in der vorhandenen Bibliothek vorgesehen.
  Dieser Menüpunkt erscheint bei normalen Systembenutzern nicht.

Zum Erstellen neuer Einbauräume sind Variantenprogramme für vier verschiedene Bauformen der matrizen- oder stempelseitigen Werkzeugaufnahmen vorgesehen. Diese können beliebig zu maximal sechsstufigen Einbauräumen kombiniert werden. Die fertiggestellte Zeichnung wird daraufhin bemaßt und in
die Bibliothek eingestellt, ebenso wird ein bereits vorbereitetes Informa-
tionsblatt zu der Maschine ausgefüllt.

7.5 Hilfsprogramme

Neben den primär geometrieerzeugenden Programmen ist eine Reihe von Hilfsfunktionen zur Unterstützung der Konstruktionstätigkeit und zur Handhabung des Programmsystems vorhanden. In den nachfolgenden Abschnitten werden die wichtigsten dieser Funktionen vorgestellt. Bild 43 zeigt den entsprechenden Ausschnitt aus dem Anwendungstablett.

HILFSPROGRAMME			
WZSTART		**INFO**	
EINBAURAUM		KONSTR.-LINIE	
		SETZEN	LÖSCHEN
AUSWAHL	INFO	RUMPF-WZ.	
		BEARB.	
		MODELL PLAZIER	STEMP. PLAZIER
WERKSTÜCK		STUFEN-WAHL	ZUSBAU ZEIGEN
GENER.	EDITIER.	UNSICHTBAR	
		1	2
BEMASS.	PLAZIER.	SICHTBAR	
VOLUM.	RESTART		
EMPF.	ÜBERTR.	LOAD	VT100

Bild 43: Tablettmenü für Hilfsprogramme.

7.5.1 Konstruktionslinien

Das Einzeichnen von waagrechten Hilfslinien in den Werkzeug-Einbauraum für das Plazieren der Einzelteile und die Festlegung von Bauteilhöhen hat sich bei der konventionellen Werkzeugkonstruktion bewährt. Daher sind Funktionen zum Setzen und Löschen solcher Linien in den Befehlsumfang des Anwendungssystems aufgenommen worden.

Die Linien erscheinen im Zusammenbau farblich von den Konturlinien abgesetzt mit einer Koordinatenangabe, welche die Höhe relativ zum Nullniveau
des Werkzeugraums (Oberkante des unteren Einbauraums) angibt. Die Nullinie
wird bei Programmstart automatisch gesetzt. Links und rechts der Mittellinie kann je ein Satz von Hilfslinien erzeugt werden, von denen einer für
die OT-Stellung, der andere für die UT-Stellung der Maschine verwendbar
ist. Die Plazierung der Linien kann durch Koordinatenangabe oder durch
Identifizieren eines Rasterpunktes oder einer am Bildschirm vorhandenen
Linie erfolgen.

Die Hilfslinien sind von den Funktionen zum Abgreifen von Maßen am Bildschirm sowie von den Plazierungsroutinen ansprechbar. Weiterhin werden sie
bei flexiblen Aktivwerkzeugen zur lagerichtigen Konturübergabe benötigt.
Abschnitt 7.2.3 enthält ein Anwendungsbeispiel für Konstruktionslinien.

7.5.2 Bauteilplazierung

Die verschiedenen Variantenprogramme bieten als letzte Aktion das Absetzen
der Einzelteile in der Zusammenbauzeichnung an. Die entsprechenden Programmteile sind auch über das Menütablett aufrufbar, um die mit Hilfe des
Teilebeschreibungsmoduls gezeichneten Werkstücke und Bauteile plazieren zu
können. Bedingt durch die besondere Lage des Koordinatenursprungs ist für
Stempel eine spezielle Programmversion vorhanden.

Die Benennung des Teils erfolgt durch Tastatureingabe oder durch Auswahl
aus einem einblendbaren Namensverzeichnis aller Modelle der aktuellen Kon-
struktions-Datenbank.

Der Bezugspunkt für die Plazierung ist der Koordinatenursprung der Einzelteilzeichnung. Dessen Position im Werkzeugraum wird durch zwei geometrische Bedingungen festgelegt. Die erste Bedingung ist die Mittellinie der
betreffenden Stufe, für die andere stehen vier verschiedene Optionen zur
Auswahl:
  - eine Konstruktionslinie,
  - eine horizontale oder schräg verlaufende Konturlinie,
  - ein frei am Bildschirm gesetzter Punkt,
  - direkte Koordinatenangabe.

Zusätzlich kann das Bauteil um den Bezugspunkt gedreht werden, z.B. für den Einbau einer Matrize ins Werkzeugoberteil. Das Teil wird zunächst vorläufig eingeblendet. Der Benutzer kann es zurückweisen und nochmals neu absetzen. Das angewählte Bauteil kann danach an weiteren Stellen des Einbauraums positioniert werden.

Bei diesem Vorgang wird das Einzelteil nicht kopiert, sondern mehrfach referenziert (eingeblendet), so daß eine assoziative Verbindung entsteht. Dies bewirkt, daß sich Änderungen am Einzelteil auf alle Einblendungen dieses Bauteils in Baugruppen und im Zusammenbau auswirken, wodurch sich in der Praxis erhebliche Zeiteinsparungen ergeben.

7.5.3 Sichtbarkeitssteuerung

Gewisse Linien und Texte des Einzelteils werden in Baugruppen- und Zusammenbauzeichnungen von benachbarten Bauteilen verdeckt oder sind für eine korrekte Darstellung störend. Diese Zeichnungselemente werden auf zwei für diesen Zweck reservierte Sätze von grafischen Ebenen gelegt und über Hilfsfunktionen in zwei Stufen ausgeblendet. Stufe 1 ist für Baugruppenzeichnungen, Stufe 2 für den Zusammenbau vorgesehen. Ein Beispiel ist in Abschnitt 6.4.2 abgebildet.

Da hierbei lediglich ein grafisches Attribut in der jeweiligen Zeichnung umgeschaltet wird, bleibt das rechnerinterne Modell und damit die Einzelteilzeichnung vollständig erhalten. Zudem ist dieser Vorgang jederzeit umkehrbar.

Die Ausblendung wird normalerweise durch die Plazierungsroutinen automatisch vorgenommen, die Sichtbarkeit kann aber bei Bedarf vom Benutzer über das Anwendungstablett umgeschaltet werden.

7.5.4 Weitere Hilfsfunktionen

Zu Beginn der Konstruktionsarbeit wird eine neue Konstruktionsdatenbank angelegt. Um diese für das Anwendungssystem vorzubereiten, ist eine **Startroutine** vorgesehen, in der die benötigten Variablen, grafischen Ebenen und

das Anwendungs-Tablettmenü eingerichtet werden. Dieses Programm wird nur
einmal durchlaufen.

Häufig ist von unterschiedlichen Detailzeichnungen in der Datenbank ein
Rücksprung in die Zusammenbauzeichnung erforderlich, die den Ausgangspunkt der Konstruktion bildet. Dieser Vorgang wird durch eine Hilfsfunk-
tion unterstützt, die auch von den Plazierungsprogrammen genutzt wird.

Bei Mehrstufenpressen ist für einige Programmodule die Kenntnis der
momentan in Arbeit befindlichen Werkzeugstufe von Bedeutung. Eine entsprechende Funktion erlaubt die **Vorwahl einer Stufe** über deren Nummer oder
durch Identifizieren ihrer Mittellinie.

Das zu Beginn eines Variantenprogramms angezeigte **Informationsbild** kann
jederzeit während und auch nach Ablauf des Programms über ein Tablettfeld
wieder eingeblendet werden. Der zu diesem Zeitpunkt angezeigte Bildschirm-
inhalt wird dadurch nur temporär überlagert und kann durch ein einfaches
Freihandsymbol zurückgeholt werden.

8 BERECHNUNGSMODULE

Neben den geometrieerzeugenden Modulen nach dem Generierungs- oder Variantenprinzip bilden die Programme für Berechnungsaufgaben die dritte Gruppe des Gesamtsystems. Diese sollen nachfolgend in ihren wesentlichen Eigenschaften vorgestellt werden. Für weitere Einzelheiten sei auf [89] verwiesen.

8.1 Volumenberechnung

Da bei der Stadienplanentwicklung die Volumenberechnung und der Volumenabgleich zwischen den Fertigungsstadien sehr rechenintensiv und somit zeitaufwendig ist, stehen spezielle Funktionen zur Volumen- und Gewichtsberechnung von Rotationsteilen sowie zum Volumenausgleich an vom Benutzer gewählten zylindrischen und kegeligen Werkstückabschnitten zur Verfügung. Diese Funktionen wurden in den Geometriebeschreibungsmodul aufgenommen, da sie durch das Basis-System effektiv unterstützt werden und mit ihnen ein besonders hoher Nutzwert des CAD-Einsatzes zu erzielen ist. Sie können auch zur Überprüfung der von externen Systemen gelieferten Zwischenformgeometrien herangezogen werden.

Die <u>Volumen- und Gewichtsberechnung</u> kann für die komplette dargestellte Kontur oder für einen ausgewählten Konturbereich durchgeführt werden. Der Benutzer gibt hierfür lediglich die Werkstoffdichte an. Das Ergebnis kann als Referenzvolumen für einen Volumenabgleich festgehalten werden.

Der <u>Volumenabgleich</u> erlaubt es, das Volumen der am Bildschirm dargestellten Kontur durch gezielte Maßveränderung in bestimmten Bereichen automatisch einem vorher berechneten oder eingegebenen Referenzvolumen anzugleichen. In Bild 44 sind die hierzu vorhandenen Möglichkeiten dargestellt: Zylindrische Abschnitte sind in Länge oder Durchmesser variierbar. Bei kegeligen Abschnitten sind, abhängig von den konstant gehaltenen Größen, vier verschiedene Optionen verfügbar. Das Bild zeigt weiterhin die Bereiche, in denen eine zylindrische oder beliebige Innenform zulässig ist und vom Programm automatisch berücksichtigt wird. In allen Fällen wird eine vorhandene Schraffur dem neuen Konturverlauf angepaßt. Infolge der Assoziativität zur Geometrie ist die Bemaßung dann ebenfalls korrigiert.

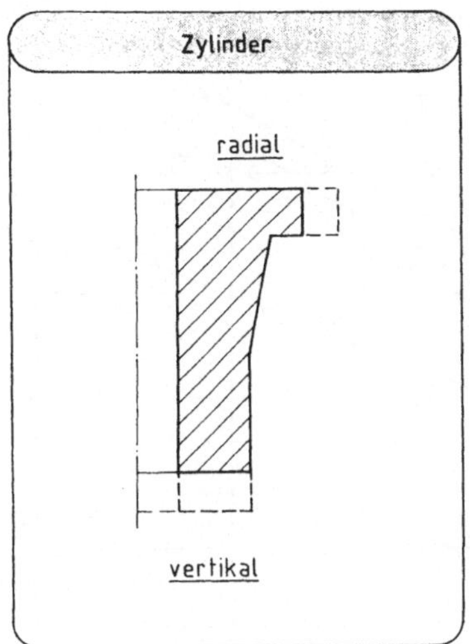

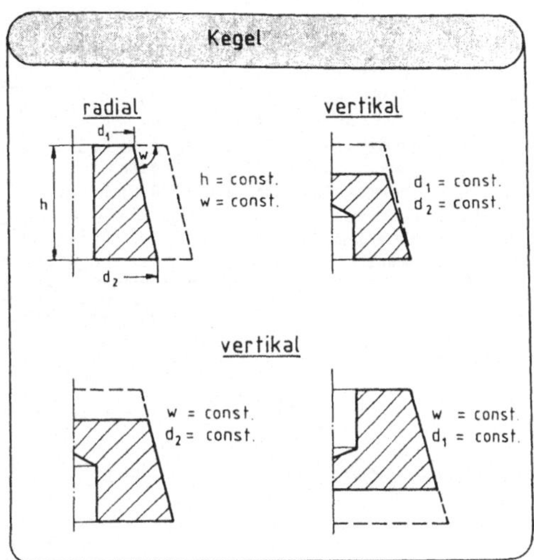

Bild 44: Möglichkeiten zum Volumenabgleich.

8.2 Umformkraft und Werkzeugbelastung

8.2.1 Berechnungsmethode und Ergebnisdiskussion

Das Programm FPKRAFT erlaubt die Berechnung folgender Größen:

- maximale Umformkraft F_{stmax},
- mittlere Druckspannung an der Stempelstirn $\bar{p}_{st}$,
- mittlerer radialer Matrizeninnendruck $\bar{p}_i$.

Es kann unter folgenden Kaltumformverfahren gewählt werden:

- Voll-Vorwärts-Fließpressen,
- Hohl-Vorwärts-Fließpressen,
- Napf-Rückwärts-Fließpressen.

Das Berechnungsverfahren basiert auf einem Vorschlag von Marx und Eberlein [52; 53]. Es wurde an der TU Dresden entwickelt und als "Vorschriftensystem Spannungen und Kräfte" in den "Datenspeicher Umformverfahren" [21] aufgenommen. Die Methode berücksichtigt eine größere Anzahl von Parametern des Werkzeugs, Werkstücks und des Umformverfahrens, welche Einfluß auf die

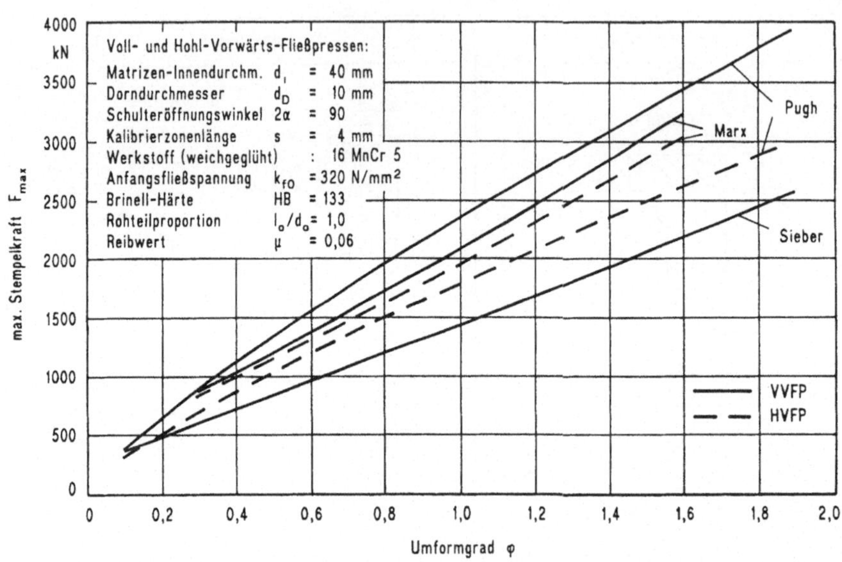

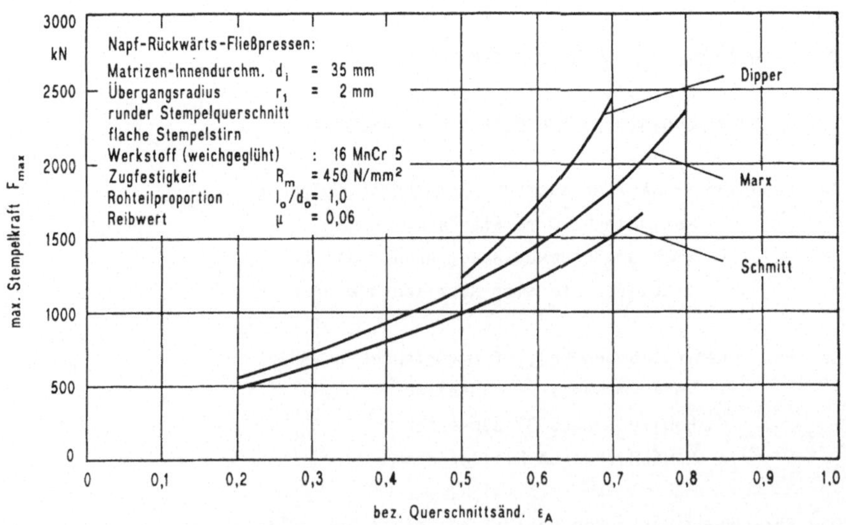

Bild 45: Ergebnisvergleich verschiedener Kraftberechnungsverfahren:
a) VVFP, HVFP; b) NRFP.

errechneten Kräfte und Spannungen haben. Diese Einflüsse werden jeweils durch Einzelkorrekturwerte berücksichtigt. Der Gesamtkorrekturwert, der sich aus dem Produkt der betreffenden Einzelwerte errechnet, geht in die Berechnung der Kräfte und Spannungen als multiplikativer Faktor ein.

Eine manuelle Berechnung nach dieser Methode mit Hilfe von Nomogrammen, Schaubildern und Zwischenrechnungen ist sehr zeitaufwendig. Das Programm ermöglicht dem Benutzer eine schnelle und übersichtliche Berechnung im Interaktivbetrieb sowie die Möglichkeit der Vorgangsoptimierung durch Variation der Eingangsdaten.

Ein Vergleich mit anderen gängigen Berechnungsverfahren nach Dipper, Pugh, Schmitt und Sieber [50; 51] ergab, daß die Ergebnisse innerhalb des Streubereichs dieser Verfahren liegen, wobei eine tendenziell höhere Übereinstimmung mit den aus Meßwerten abgeleiteten Methoden nach Pugh und Schmitt beobachtet wurde (Bild 45).

8.2.2 Programmablauf

Nach der Wahl des Umformverfahrens werden im Dialog zunächst die werkzeugbezogenen geometrischen Größen eingegeben. Für das <u>Voll- und Hohl-Vorwärts-Fließpressen</u> sind dies die in Bild 46a dargestellten Abmessungen. In Klammern ist jeweils die Einheit und erforderlichenfalls der zulässige Wertebereich angegeben:

- Matrizen-Aufnehmerdurchmesser (20 - 63 mm),
- Kalibrierdurchmesser (Schaftdurchmesser der Endform) (mm),
- Länge der Kalibrierzone (mm),
- Schulteröffnungswinkel (90 - 180°),
- nur HVFP: Dorndurchmesser (mm).

Beim <u>Napf-Rückwärts-Fließpressen</u> werden die Werte nach Bild 46b erfragt:

- Matrizen-Aufnehmerdurchmesser (20 - 63 mm),
- Tiefe des Matrizenaufnehmers (mm),
- Stirnquerschnitt des Stempels: (1) RUND (2) RECHTECKIG,
- bei rundem Stempelquerschnitt: Stempeldurchmesser (mm),
- bei rechteckigem Querschnitt : Länge, Breite (mm),

- Form der Stempelstirn: (1) FLACH   (2) KEGELIG   (3) KALOTTE,
- bei Kegel : Winkel der Stempelstirn zur Horizontalen (0 - 30°),
- bei Kalotte: Raumwinkel des Kugelabschnitts (20 - 90°),
- Übergangsradius am Stempel (mm),
- Fließbundhöhe am Stempel (mm),
- Exzentrizität zwischen Stempel und Matrize (mm).

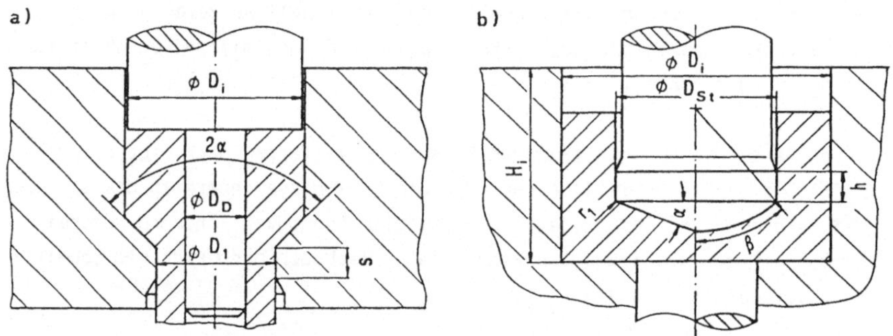

Bild 46: Werkzeugbezogene Eingabegrößen: a) VVFP und HVFP; b) NRFP.

Im zweiten Dialogabschnitt werden für alle Verfahren einheitlich die werkstück- und verfahrensspezifischen Größen erfaßt:
- Werkstückhöhe vor dem Fließpressen (mm),
- Stempelgeschwindigkeit (50 - 150 mm/s),
- Werkstückstoff und Schmierstoff gemäß Tabelle 4.

Falls eine Vorverformung (Stauchen) ohne anschließendes Weichglühen stattgefunden hat, wird nun die Rohteilhöhe vor dem Vorstauchen erfragt, um daraus die Vorverfestigung zu ermitteln.

Tabelle 4: Werkstückstoffe und Schmierstoffe für die Kraftberechnung.

NR.	WERKSTOFFE		NR.	SCHMIERSTOFFE
1	C 10		1	Fließpreßöl, Ziehseife, MoS_2-Paste
2	C 15			
3	C 35		2	Talg
4	16 MnCr 5		3	MoS_2-Puder
5	Ck 10 Al (beruhigt)			

Es schließt sich eine Überprüfung der eingegebenen Werte an. Bei Überschreitung von Gültigkeitsbereichen wird eine Warnung angezeigt und ggf. eine Neueingabe verlangt. Danach wird die Berechnung durchgeführt und das Ergebnis am Bildschirm ausgegeben:

```
maximale STEMPELKRAFT  Fmax          =    1410.4 kN
mittlere STEMPELSPANNUNG bei Fmax =    1496.4 N/mm^2
mittlere RADIALSPANNUNG bei Fmax  =    1628.1 N/mm^2
```

Die Ergebnisse werden außerdem zusammen mit einigen Zwischenwerten und den Korrekturfaktoren in eine Protokolldatei geschrieben.

8.3   Stempelberechnung

8.3.1 Eigenschaften des Programms

Das Programm BESTEMP erlaubt die Berechnung von Fließpreßstempeln aus Kaltarbeits- oder Schnellstählen für folgende Umformverfahren und Stempelbauarten:

Tabelle 5: Berechenbare Stempeltypen.

TYP	UMFORMVERFAHREN	BAUART
1	Voll-Vorwärts-Fließpressen Stauchen, Setzen Abstrecken	
2 3	Hohl-Vorwärts-Fließpressen	fester Dorn beweglicher Dorn
4 5	Napf-Rückwärts-Fließpressen	Kurzform Langform
6	Voll-Rückwärts-Fließpressen	

Berechnungsgrundlagen sind die Nomogramme nach Erben und Goldhan, ICFG-Richtlinien sowie die Knicktheorie nach Euler [21; 48; 49; 81; 91]. Die Stempel werden in Bezug auf Ausknicken und auf Versagen durch Druck- und

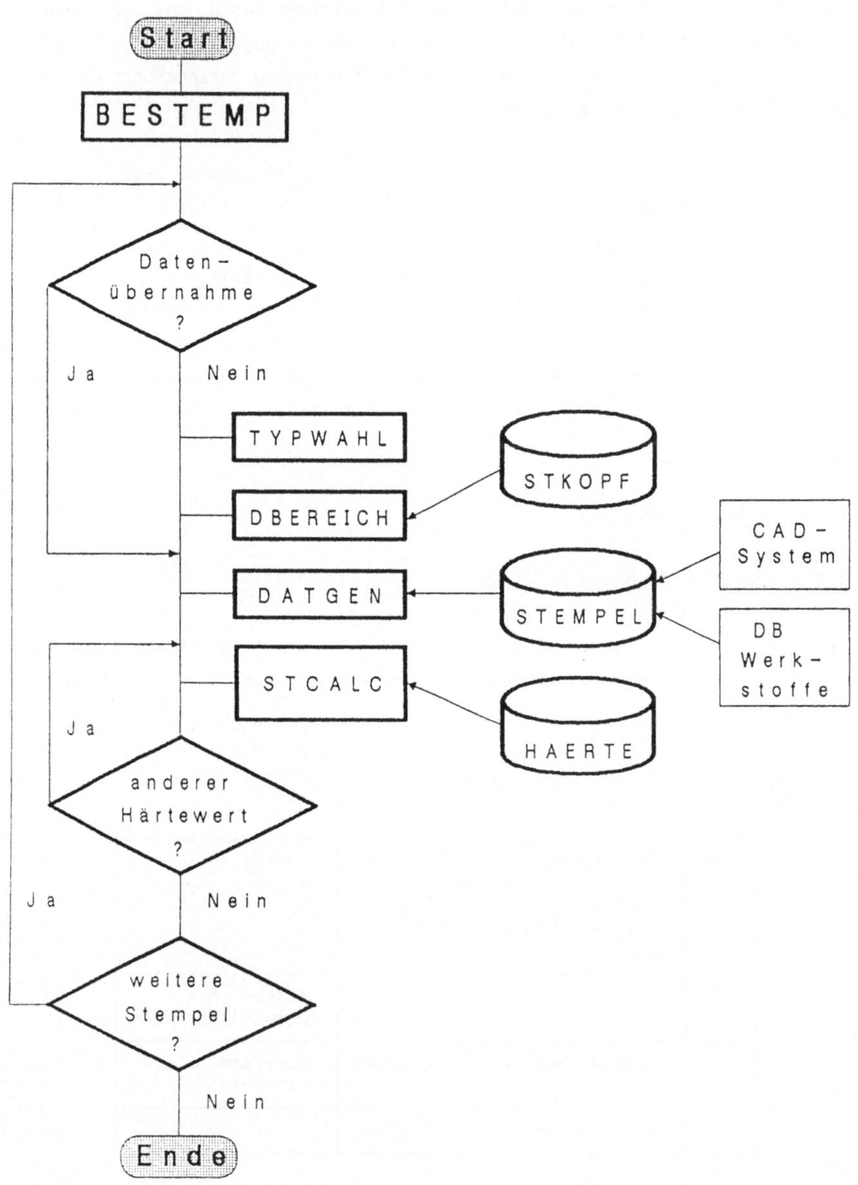

Bild 47: Ablaufstruktur des Stempelberechnungsprogramms BESTEMP.

Im ersten Rechenschritt erfolgt eine Bestimmung der <u>kritischen Knicklänge</u>
nach Euler, die mit der freien Stempellänge verglichen wird:

```
================================================================

        KNICKLÄNGE NACH EULER (FALL 4) = 260.58 MM
        FREIE STEMPELLÄNGE              = 135.00 MM


        DER GEWÄHLTE STEMPEL HÄLT DER KNICK-
                BEANSPRUCHUNG STAND.

================================================================
```

Zur Berechnung der <u>Druck- und Biegebeanspruchung</u> wird dem eingegebenen
Härtewert eine 0,2%-Stauchgrenze (Druckfließgrenze) des Werkstoffs zuge-
ordnet. Aus dieser ergibt sich über einen Spannungsüberhöhungsfaktor, der
aus den erwähnten Nomogrammen hervorgeht, eine zulässige mittlere Stempel-
druckspannung, die der auftretenden Spannung gegenübergestellt wird:

```
================================================================

      ROCKWELLHÄRTE             =      64.0 HRC
      DRUCKFLIESSGRENZE         =    2500.0 N/MM^2
      AUFTR. STEMPELSPANNUNG    =    2000.0 N/MM^2
      ZULÄSS. STEMPELSPANNUNG   =    2163.9 N/MM^2


            DIE FESTIGKEIT DES STEMPELS
                IST AUSREICHEND.

================================================================
```

Im Versagensfall oder bei Überschreitung von Gültigkeitsgrenzen kann der
Benutzer einzelne Werte nochmals eingeben oder den Programmlauf mit
geänderter Stempelgeometrie neu starten. Die Berechnung kann beliebig mit
anderen Härtewerten wiederholt werden, um einen optimalen Werkstoff zu
finden. Für die Berechnung weiterer Stempel ist ein Rücksprung zum
Programmanfang vorgesehen.

8.4 Matrizenberechnung

8.4.1 Berechnungsgrundlagen

Bei Bauteilberechnungen kann unterschieden werden zwischen Nachrechnung eines bereits gestalteten Teils und Auslegung von Bauteilgrößen nach vorgegebenen Anforderungen [92]. Das Auslegungsergebnis wird schrittweise erreicht, indem die Berechnung mit veränderten Parametern wiederholt wird, bis keine besseren Ergebnisse mehr zu erzielen sind. Optimierungsprogramme stellen eine höhere Stufe der Auslegungsprogramme dar. Die Eingangsgrößen werden variiert mit dem Ziel, bestimmte Ausgangsgrößen einem Extremum entgegenzuführen.

Das Programm NOMATRIZ erlaubt gemäß dieser Definition die Nachrechnung oder Auslegung von einfach und zweifach armierten Matrizen folgender Bauarten:

- Matrizen mit zylindrischer Bohrung,
- Matrizen mit zylindrischer Bohrung und zugspannungsfreiem Innenring (Hartmetallkern),
- Matrizen mit abgesetzter Bohrung (Schultermatrizen).

Berechnungsgrundlage für die Matrizenabmessungen und Werkstoffkennwerte sind die nach FEM-Berechnungen erstellten Nomogramme von Krämer und Neitzert [44-46] (vgl. Beispiel im Anhang).

Zu jedem der oben angeführten Matrizentypen stehen mehrere Berechnungsmöglichkeiten mit unterschiedlicher Kombination von Eingaben und Ergebnissen zur Verfügung. Die Art und Anzahl dieser Optionen variiert zwischen den verschiedenen Matrizentypen (vgl. Beispiel in Abschnitt 8.4.3). Folgende Berechnungen und Funktionen sind jedoch für alle Matrizenarten verfügbar:

- Berechnung der Werkstoffkennwerte und des zulässigen Innendrucks aus gegebener Matrizengeometrie (Nachrechnung),
- Berechnung eines Auslegungsvorschlags für die Matrizengeometrie bei vorgegebenen Werkstoffkennwerten und vorgegebenem Innen- und Außendurchmesser (Optimierung),
- Durchmesseränderungen beim Fügen und unter Innendruck,
- Übernahme der Eingabedaten für die Berechnung aus einer externen

Datei, die z.B. von einem CAD-System erstellt werden kann,
- zuschaltbarer Protokollmodus,
- Wiederholung der zuletzt durchgeführten Berechnung ohne Neueingabe,
- Einblendbare Hilfestellung mit Erklärung der Ein- und Ausgabegrößen.

Durchmesseränderungen werden nach einem aus der VDI-Richtlinie 3176 und den Arbeiten von Adler und Schulz abgeleiteten Verfahren berechnet [41; 46; 93]. Es berücksichtigt unterschiedliche E-Moduln und Querkontraktionszahlen von Matrize und Armierungen. Folgende Annahmen sind dabei zugrundegelegt:

- Der Innendruck ist über die gesamte Matrizenhöhe konstant.
- Das Fügen erfolgt von außen nach innen.
- Bei zweifacher Armierung wird nach dem ersten Fügevorgang der Innendurchmesser des Zwischenrings wieder auf Nennmaß geschliffen.
- Die Durchmesseraufweitungen unter Betriebslast werden von den Nenndurchmessern aus gerechnet, da nach dem Armieren üblicherweise auf Nennmaß geschliffen wird.

Bei der Auslegungsrechnung (Optimierung) wird innerhalb des Gültigkeitsbereichs auf iterativem Weg diejenige Kombination von Fugendurchmessern gesucht, bei der sich ein maximaler ertragbarer Innendruck ergibt. Zu den gefundenen Fugendurchmessern werden dann die Haftmaße und Mindest-Werkstoffkennwerte bestimmt. Dieser Rechengang ist in den Nomogrammen nach [44; 45] auf manuell-grafischem Weg nicht mehr mit vertretbarem Aufwand und der erforderlichen Genauigkeit durchführbar.

Während der Berechnung werden einige Plausibilitätskontrollen durchgeführt, die aus praktischen Überlegungen abgeleitet wurden. So gilt für die Werkstoffkennwerte $\sigma_{di} > R_{pz} > R_{pa}$, für den Innendruck $p_{iopt} < \sigma_{di}$, für die Haftmaße $\xi_2 < \xi_1 < 10\ ^0/_{oo}$ und für den Vorspannungszustand $\sigma_{vio} < \sigma_{di}$. Ist innerhalb dieser Rahmenbedingungen keine Auslegung möglich, bricht die Berechnung mit einer entsprechenden Meldung ab. In diesem Fall muß die Optimierung mit geänderten Eingabegrößen nochmals versucht werden. Einfache Regeln für die Auswirkungen von Änderungen sind aufgrund der komplexen Zusammenhänge nicht aufstellbar.

8.4.2 Ergebnisdiskussion

Die Ergebnisse der Optimierungsrechnung sind zunächst als ein erster Aus-
legungsvorschlag zu betrachten. Vor allem die Werkstoffkennwerte sind als
absolute Mindestgrößen zu verstehen. Es wird empfohlen, die Ergebnisse
durch einige Kontrollrechnungen über die nicht optimierenden Berechnungs-
zweige zu verifizieren, wobei die Eingaben an praxisgerechte Werte
(Normabmessungen, reale Werkstoffe) angepaßt werden können. Oftmals liegt
nur ein schwach ausgeprägtes Maximum für p_i vor, so daß z.B. geänderte
Fugendurchmesser nur einen geringen Innendruckverlust zur Folge haben.
Diese Beobachtung deckt sich auch mit den Ausführungen von Schulz [93].

Ein Vergleich der Ergebnisse mit der gängigen Berechnungsmethode nach
Adler und Walter [41] läßt folgende Tendenzen erkennen:

- Der ertragbare Innendruck ist bei Stahlmatrizen höher, bei Hartme-
  tallmatrizen geringfügig kleiner.
- Die erforderliche Werkstoffqualität der Armierungen ist bei Stahlma-
  trizen kleiner, bei Hartmetallmatrizen am Außenring kleiner, am
  Zwischenring jedoch größer.
- Die Fugendurchmesser sind bei zweifacher Armierung kleiner.

Darüberhinaus zeichnen sich einige weitere Tendenzen ab:

- Bei optimaler Auslegung sind die erforderlichen Werkstoffkennwerte
  für Armierungen bei Hartmetallmatrizen erheblich höher als bei Stahlmatrizen. Da entsprechend hoch vergütete Werkstoffe in der Praxis un-
  üblich sind, kann ersatzweise mit überelastisch vorgespannten Armierungen ($\xi > 10\,^0/_{00}$) gearbeitet werden. Zur Berechnung sei auf [94]
  verwiesen. Andernfalls ist der Innenring weniger stark belastbar, was
  der Dauerhaltbarkeit zugute kommt.
- Die Aufweitung von Innen- und Außendurchmesser unter Innendruck wird
  im Vergleich zu FEM-Ergebnissen nach Kling [47] meist etwas größer
  berechnet, da der Einfluß der begrenzten Druckraumzone h_D bei der Berechnung nicht erfaßt wird. Die Abweichung verringert sich mit stei-
  genden Werten von h_D/h_M und d_i/d_a und ist ab $h_D/h_M > 0{,}35$ vernachlässigbar. Bei Berücksichtigung der thermisch bedingten Aufweitung
  nach [47] verringert sich der Unterschied noch weiter.

8.4.3 **Programmablauf**

Die <u>Programmstruktur</u> ist in Bild 48 dargestellt.

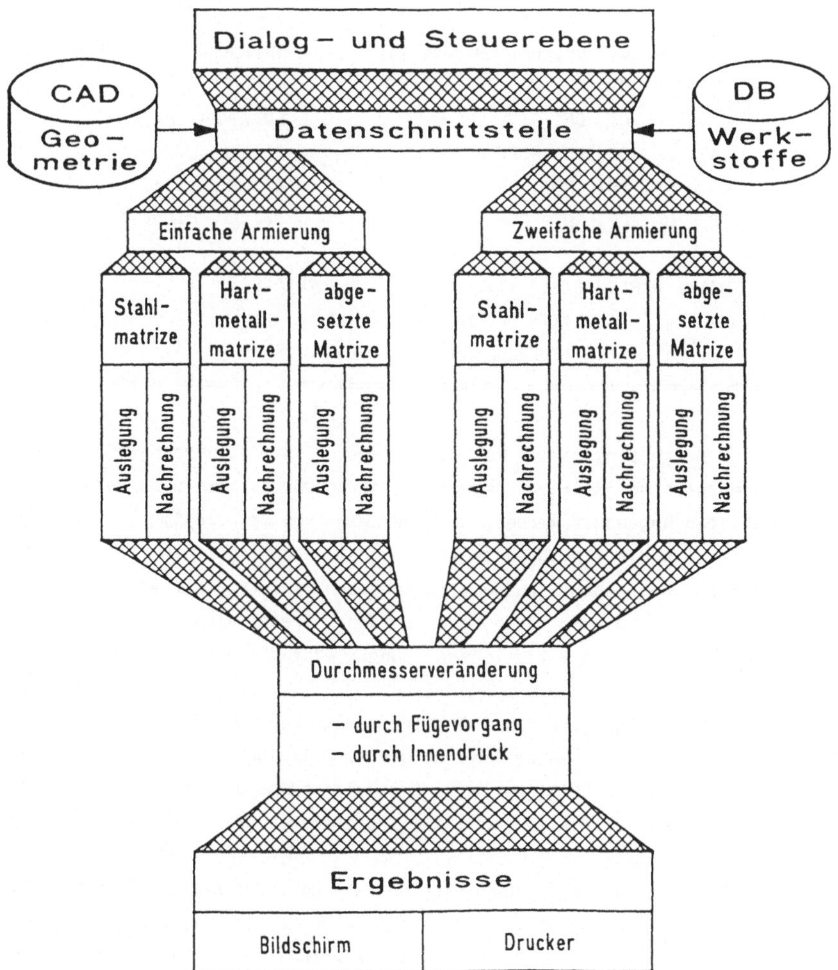

Bild 48: Struktur des Matrizenberechnungsprogramms NOMATRIZ.

Die erste Eingabe nach dem Programmstart ist die Wahl eines Matrizentyps im Hauptmenü. Danach erscheint ein Auswahlmenü für die Berechnungsoptionen (Beispiel für Matrizentyp 1):

```
===============================================================

           <<  EINFACH ARMIERTE MATRIZEN  >>
        FOLGENDE BERECHNUNGEN KÖNNEN DURCHGEFÜHRT WERDEN:
           EINGABE:                        AUSGABE:
        -----------------------------------------------------

        (1)  DA, DI, DF, HD, HM, XI, PI       SDI, RPA
        (2)  DA, DI, DF, HD, HM, XI, SDI      RPA, PI
        (3)  DA, DI, DF, XI                   SDI, RPA, PI
        (4)  DA, DI, DF, SDI, RPA             XI, PI
        (5)  DA, SDI, RPA, PI                 DI, DF, XI
        (6)  DA, DI, SDI, RPA                 DF, XI, PIopt

        -----------------------------------------------------

        BITTE WÄHLEN SIE:  <1>...<6>,    <P>ROTOKOLL,
                  <D>ATEN-ÜBERNAHME,      <H>ILFE
                  <W>IEDERHOLUNG,         <E>NDE     --->

===============================================================
```

Jetzt kann durch Eingabe der vor der Parameterliste stehenden Ziffer die
gewünschte Berechnungsart oder durch den Anfangsbuchstaben eine der übrigen Funktionen angewählt werden. Nach der Wahl von Matrizentyp und Berechnungsart werden die Eingabewerte vom Programm abgefragt bzw. aus einer
Datei gelesen. Bei jedem Eingabeparameter kann wahlweise der Wert des vorangegangenen Rechenlaufs übernommen werden. Dieser wird zur Kontrolle
angezeigt. Dadurch sind Variationsrechnungen einfach durchführbar.

Bild 49 zeigt die geometrischen Größen an Matrizen und Armierungen. Die
Kurzzeichen für die Parameter sind an die Formelzeichen angelehnt. Die Beschreibung der Datenschnittstelle im Anhang gibt Auskunft über die verwendeten Abkürzungen für die Ein- und Ausgabeparameter und ihre Einheiten.

Beim Einschalten der Datenübernahme fordert das Programm den Namen der
Übergabedatei an. Wird jetzt ein Rechenlauf gestartet, werden die in der
Datei vorhandenen Zahlenwerte übernommen. Eventuell fehlende Größen werden
interaktiv abgefragt. Somit können auch unvollständige Datensätze verar-
beitet werden. Eine Beschreibung der Datenschnittstelle befindet sich im
Anhang.

Als Werkstoffkennwert für den Innenring sollte anstatt der Druckfestigkeit
σ_{dB} die 0,2%-Stauchgrenze $\sigma_{d0,2}$ genannt werden. Diese Angabe macht bei

Hartmetallen erhebliche Schwierigkeiten. Anhaltswerte hierzu sind in [81; 82] enthalten. Ersatzweise wird empfohlen, die geringere Druckfestigkeit bei erhöhter Temperatur (300°) einzusetzen oder mit den Dauerfestigkeits- werten nach [49] zu rechnen. Überschlagsmäßig kann hierfür die 0,6-fache Druckfestigkeit angesetzt werden.

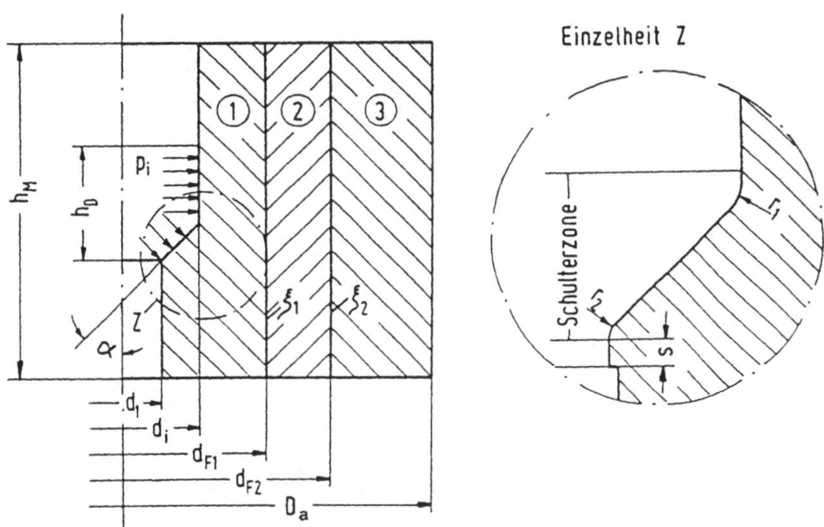

Bild 49: Geometrische Größen am Schrumpfverband.

Die Eingabewerte werden auf ihre Gültigkeit überprüft. Wird eine Gültig- keitsgrenze überschritten, so erfolgt eine entsprechende Meldung und die Rückkehr ins Auswahlmenü ohne Durchführung der Berechnung. Andernfalls er- folgt die Berechnung und Ausgabe der Ergebnisse. Auf Wunsch wird ein Be- rechnungsprotokoll erstellt. Ein Beispiel ist in Abschnitt 9.5 enthalten.

8.5 **Werkstoffauswahl**

Zur Berechnung und Auslegung von Kaltfließpreßwerkzeugen müssen dem Kon- strukteur verschiedene Werkstoffkennwerte vorliegen. Es ist daher nahe- liegend, solche Werkstoffkennwerte (in tabellarischer Form) als Konstruk- tionshilfe in einer rechnerinternen Datenbasis abzulegen. Diese Datenbank enthält derzeit Informationen zu 14 gängigen Werkzeugwerkstoffen, die aus der einschlägigen Literatur zusammengestellt wurden [42; 81; 95-98].

Um die zeitintensive Auswahl aus solchen Dateien zu verkürzen, ist neben einem Daten-Generator zur Pflege des Datenbestandes ein Interpretationsmodul entwickelt worden, der auf der Basis eines Entscheidungsbaumes nach Angabe von Suchkriterien automatisch eine Werkstoffselektion durchführt. Dabei können bis zu drei der Auswahlkriterien aus Tabelle 8 kombiniert werden. Kommt man über ein CAD-Variantenprogramm bzw. über den Kopplungsbaustein in das Programm, so ist das Werkzeugelement automatisch als Auswahlkriterium gesetzt und erscheint nicht mehr in der Liste. Es sind dann nur noch zwei weitere Auswahlkriterien einzugeben.

Tabelle 8: Kriterien für die Werkstoffauswahl.

NR.	KRITERIUM		BEISPIEL
1	Werkstoffnummer		1.3343
2	Werkstoffgruppe		Schnellarbeitsstahl
3	Arbeitshärte HRC bzw. HB		64 HRC
4	Druckfestigkeit	σ_{dB}	2900.0 N/mm^2
5	0,2%-Stauchgrenze	$\sigma_{d0,2}$	2100.0 N/mm^2
6	Biegefestigkeit	σ_{bB}	3200.0 N/mm^2
7	Zugfestigkeit	R_m	2300.0 N/mm^2
8	0,2%-Dehngrenze	$R_{p0,2}$	2000.0 N/mm^2
9	E-Modul	E	220000 N/mm^2
10	Werkzeugelement		Stempel

Nach Wahl der Suchkriterien wird für jedes Kriterium eine Spezifikation verlangt. Bei Werkstoffkennwerten handelt es sich hierbei um untere Grenzwerte. Daraufhin erscheint eine Liste von Werkstoffen, welche die Spezifikationen erfüllen (vgl. Beispiel in Abschnitt 9.5). Der Benutzer kann vorwärts und rückwärts blättern sowie über eine Kennzahl den endgültigen Werkstoff auswählen. Dabei werden in den Übergabedateien für die Berechnungsprogramme automatisch die benötigten Werkstoffkennwerte eingefügt.

Eine weitere Funktion erlaubt die Abfrage von verschiedenen Festigkeitswerten in Abhängigkeit vom Härtewert. Der Anwender kann sich hiermit über die Änderung der Werkstoffeigenschaften bei Abweichung von der in der Datenbank festgelegten üblichen Arbeitshärte informieren. Die zugehörigen Umrechnungsfunktionen sind aus Literaturangaben abgeleitet und liegen nahe der Untergrenze der beobachteten Streubänder. In Einzelfällen sind je nach Werkstoff und Wärmebehandlungsverfahren deutlich höhere Werte erreichbar.

8.6 Anbindung an das Gesamtsystem

Durch systemspezifische Eigenschaften bedingt, ist die Ausführung der dialoggeführten, in FORTRAN geschriebenen Berechnungsprogramme nicht innerhalb der CAD-Variantenprogramme möglich. Diese werden daher von der Betriebssystemebene aus an einem alphanumerischen Terminal oder in einem entsprechenden zweiten Fenster am Grafikbildschirm bedient, während das Grafikprogramm in einen Wartestatus geht.

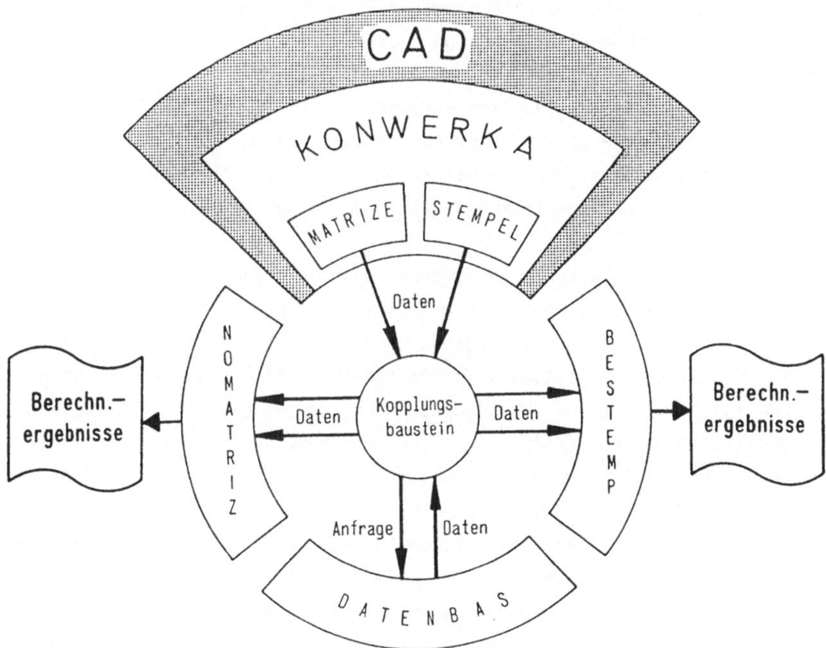

Bild 50: Datenfluß zwischen CAD-System und Berechnungsprogrammen.

Die Programme zur Werkzeugauslegung sind über einen Kopplungsbaustein mit den CAD-Modulen und mit einer Datenbank für Werkzeugwerkstoffe verbunden. Diese Baustein steuert den Aufruf und Ablauf der Programme. Bild 50 zeigt den Datenfluß zwischen diesen Programmteilen. Der Datenaustausch zwischen Variantenprogrammen und Berechnungsprogrammen geschieht über formatfreie sequentielle ASCII-Dateien. Als Trennzeichen zwischen den Werten dient das Komma. Die Schnittstellenvereinbarungen sind aus Tabelle A1 im Anhang und Tabelle 7 in Abschn. 8.3.2 ersichtlich.

Der Einstieg in die Berechnungsprogramme erfolgt normalerweise über den Kopplungsmodul. Der Benutzer hat zunächst die Wahl zwischen Werkstoffauswahl und Berechnung. Bei der Werkstoffauswahl können getrennt Werkstoffkennwerte für die Bauteile Matrize, Zwischenring (1. Armierung), Außenring (2. Armierung) sowie Stempel gesucht werden.

Beim Einstieg in die Werkstoffdatenbank ist über Steuergrößen das gewählte Bauteil als Suchkriterium bereits gesetzt und die Werkstoffliste entsprechend reduziert. Der Anwender kann noch zwei weitere Kriterien aufstellen. Nach erfolgter Auswahl veranlaßt eine Steuervariable das Datenbankprogramm, in den Datensätzen aus den Variantenprogrammen die entsprechenden Platzhalter durch die gewählten Werkstoffkennwerte zu ersetzen, so daß diese bei der Berechnung bereits bekannt sind. Alternativ kann auch nach der Berechnung ein geeigneter Werkstoff in der Datenbank gesucht werden.

Auf eine direkte Rückführung und Verarbeitung der Rechenergebnisse im CAD-System wurde verzichtet, da in der Praxis statt einer beliebigen Abmessung meist der dem Ergebnis nächstliegende genormte Wert in die Konstruktion einfließt. Bei Berücksichtigung von Randbedingungen und konstruktiven Besonderheiten, wie z.B. Maschinenabmessungen, kann sogar ein noch weiteres Abweichen vom Berechnungsvorschlag erforderlich sein. Hier wurde die flexible Anwendbarkeit einer durchaus möglichen Automatisierung vorgezogen.

Die Zwischenschaltung des Kopplungsbausteins ermöglicht die vollständige Entkopplung der Einzelprogramme. Sie bleiben auf diese Weise unabhängig voneinander lauffähig und können individuell weiterentwickelt werden. Ein Laufzeitnachteil durch die Kopplung über Dateien ist bei den anfallenden geringen Datenmengen nicht zu verzeichnen.

Das Programm zur Berechnung von Umformkraft und Werkzeugbelastung ist hauptsächlich für den Einsatz während der Stadienplanentwicklung konzipiert und wurde daher nicht an die Programme zur Werkzeugkonstruktion angebunden.

9   ANWENDUNGSBEISPIELE

Die folgenden Abbildungen zeigen die Leistungsfähigkeit des Programmsystems anhand einiger charakteristischer Beispiele. Die Einzelteile gehören nicht zum selben Werkzeugsatz.

9.1 Werkstücke und Stadienpläne

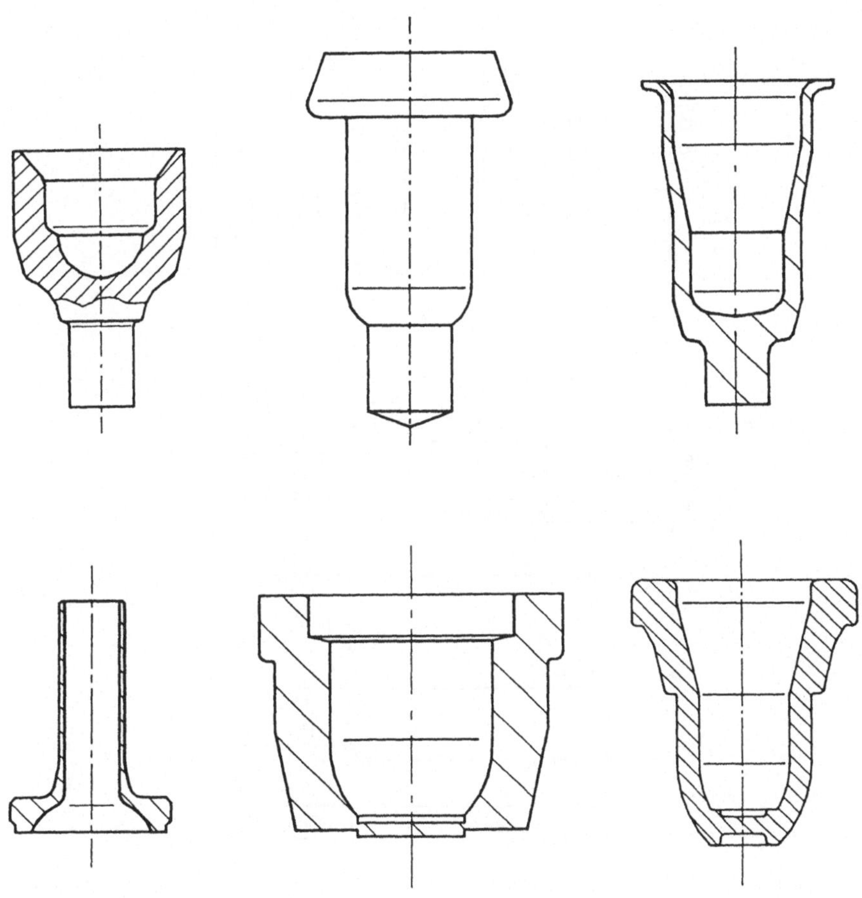

Bild 51: Umformwerkstücke mit unterschiedlichem Schwierigkeitsgrad.

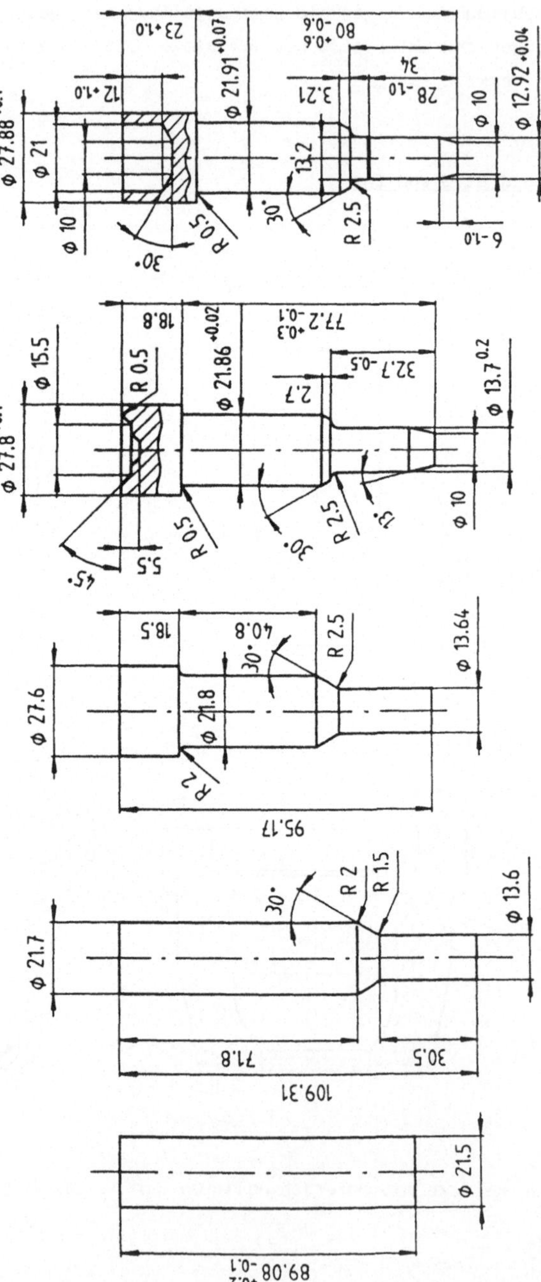

Bild 52: Bemaßter Stadienplan.

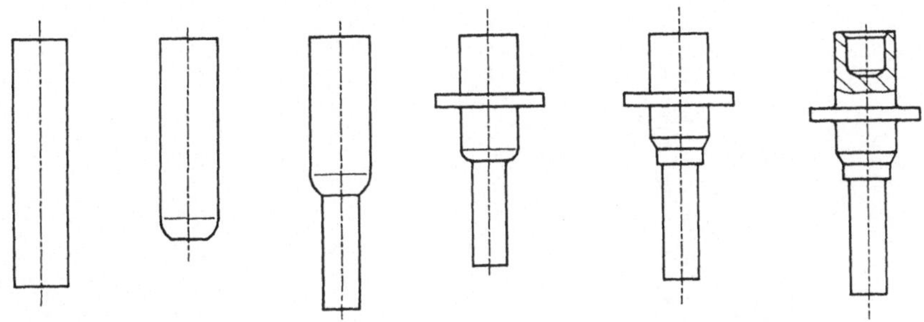

Bild 53: Stadienplan.

9.2 **Werkzeug-Einbauräume**

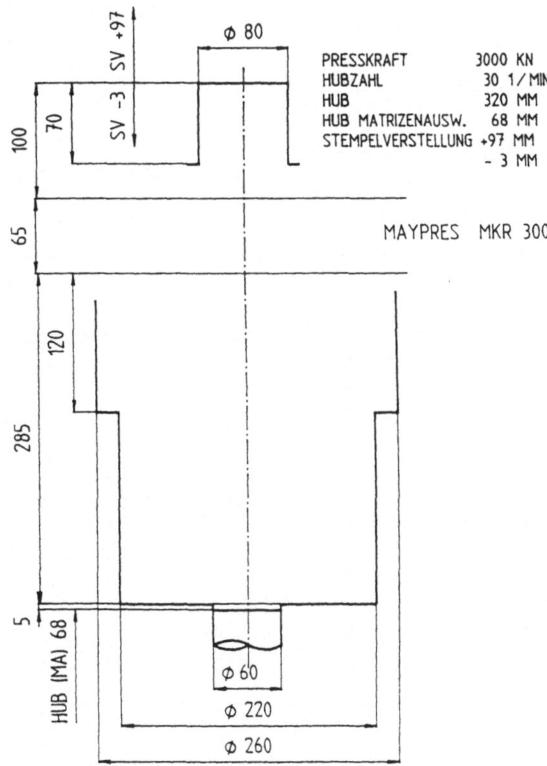

Bild 54: Einbauraum einer Einstufenpresse.

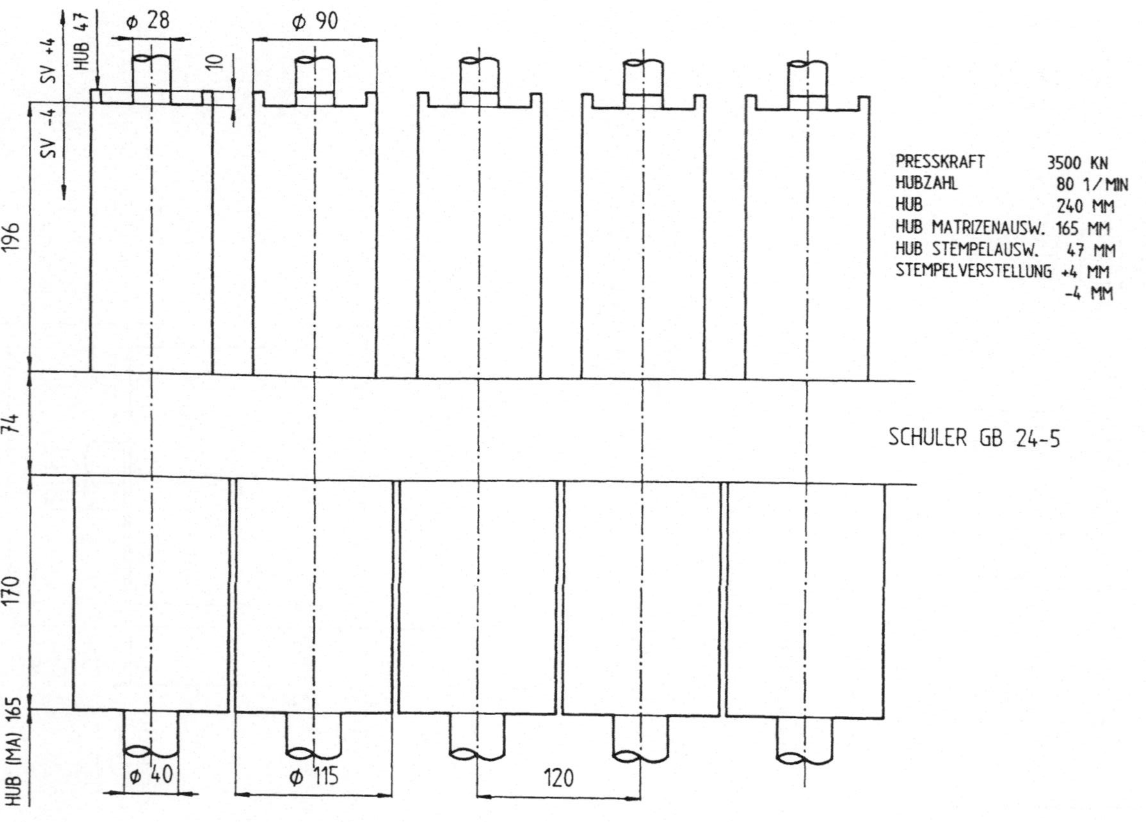

Bild 55: Einbauraum einer 5-Stufenpresse.

INFO-BLATT: SCHULER GB-24 FORMMASTER

<u>TECHNISCHE DATEN:</u>

PRESSKRAFT	PF	= 3500
HUBZAHL	HUBZ	= 80
HUB	HUB	= 240
HUB MATRIZEN-AUSWERFER	HUBMA	= 165
HUB STEMPEL -AUSWERFER	HUBSA	= 47
ABSTAND WERKZEUGAUFNAHMEN	AHA	= 120
THEORETISCHE STEMPELLÄNGE	AUT	= 74
STEMPELVERSTELLUNG	STV1	= 4
	STV2	= -4

<u>EINBAURAUM-GEOMETRIE:</u>

DURCHM. MATRIZE U. HÖHE ABSATZ 1.STUFE	DM11 = 115	LM11 = 0
DURCHM. DRUCKPL.U. GESAMTHÖHE	DM12 = 115	LM12 = 170
DURCHM. MATRIZE U. HÖHE ABSATZ 2.STUFE	DM21 = 0	LM21 = 0
DURCHM. DRUCKPL.U. GESAMTHÖHE	DM22 = 115	LM22 = 170
DURCHM. MATRIZE U. HÖHE ABSATZ 3.STUFE	DM31 = 0	LM31 = 0
DURCHM. DRUCKPL.U. GESAMTHÖHE	DM32 = 115	LM32 = 170
DURCHM. MATRIZE U. HÖHE ABSATZ 4.STUFE	DM41 = 0	LM41 = 0
DURCHM. DRUCKPL.U. GESAMTHÖHE	DM42 = 115	LM42 = 170
DURCHM. MATRIZE U. HÖHE ABSATZ 5.STUFE	DM51 = 0	LM51 = 0
DURCHM. DRUCKPL.U. GESAMTHÖHE	DM52 = 115	LM52 = 170
DURCHM. U. HÖHE STEMPELAUFNEHMER	DS1 = 90	LS1 = 196
ABSTAND MATRIZENAUSW. - EBR.-UNTERKANTE	AMA = 0	
ABSTAND STEMPELAUSW. - EBR.-OBERKANTE	ASA = 10	
DURCHM. MATRIZENAUSWERFER	DMA = 40	
DURCHM. STEMPELAUSWERFER	DSA = 28	

Bild 56: Datenblatt einer 5-Stufenpresse.

9.3 <u>Werkzeug-Einzelteile und Baugruppen</u>

a)

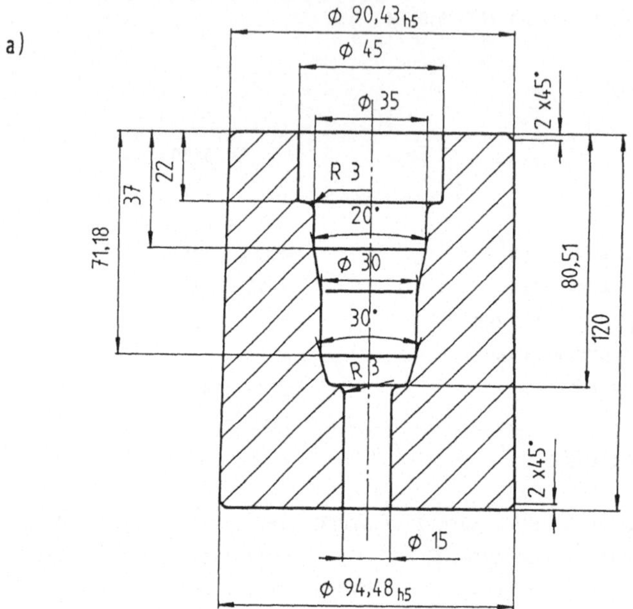

b)

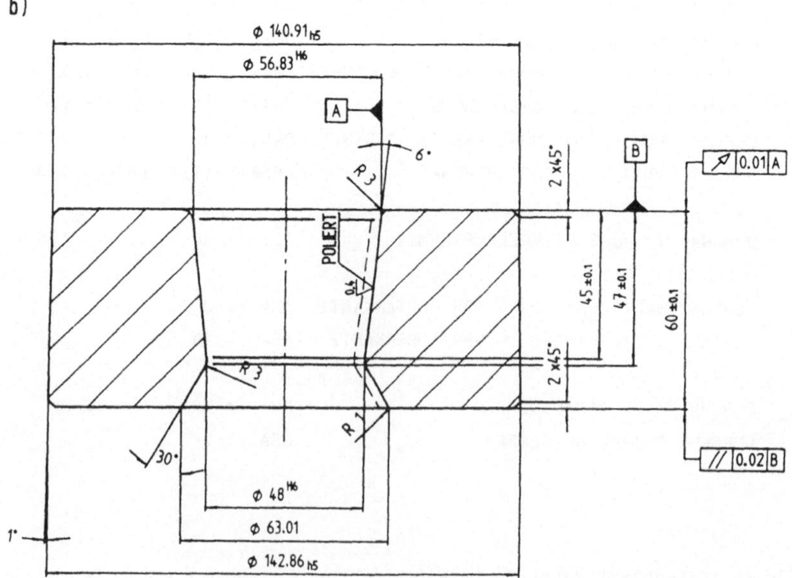

Bild 57: a) Formpreßmatrize; b) Abstreckmatrize.

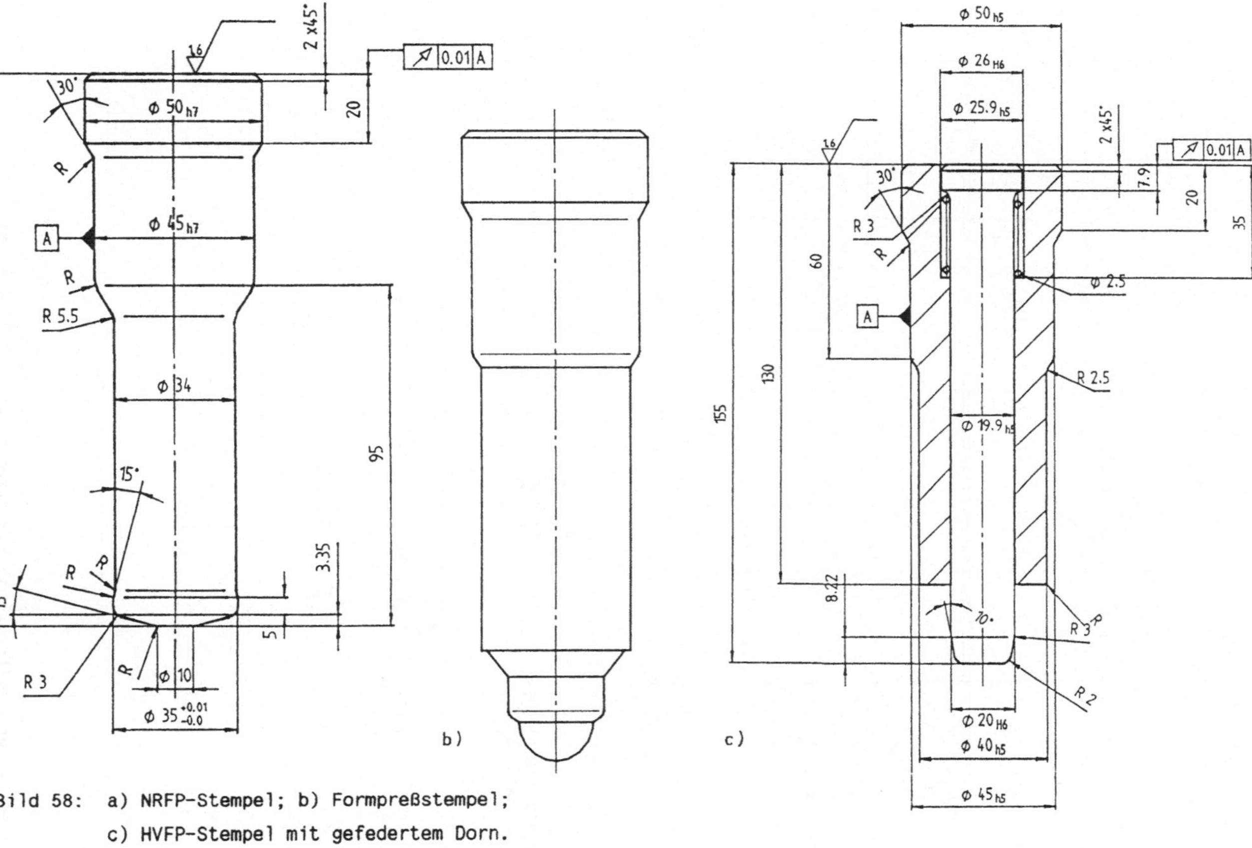

Bild 58: a) NRFP-Stempel; b) Formpreßstempel;
c) HVFP-Stempel mit gefedertem Dorn.

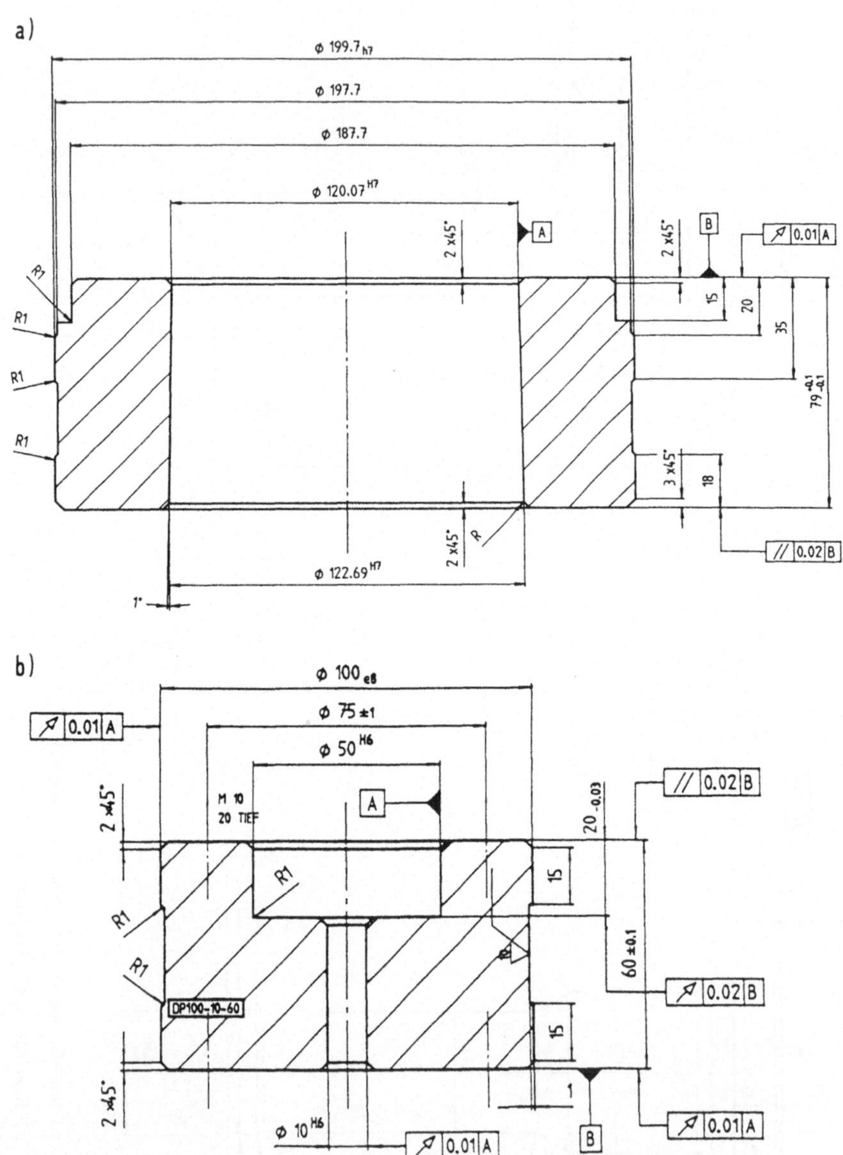

Bild 59: Wechselteile: a) Außenarmierung; b) Druckplatte.

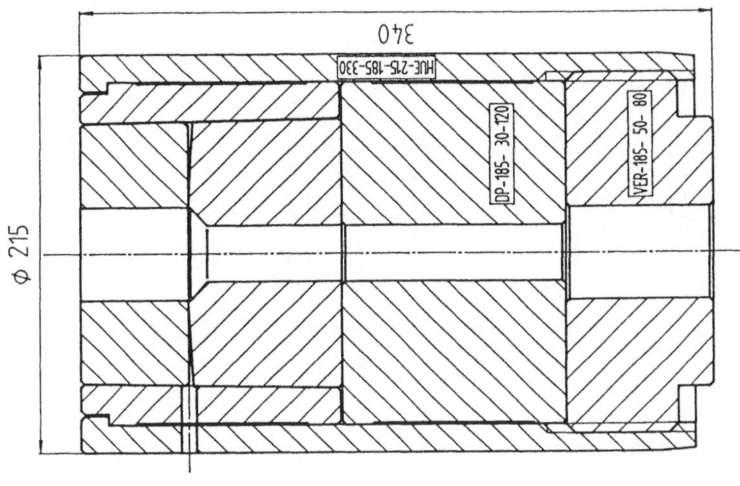

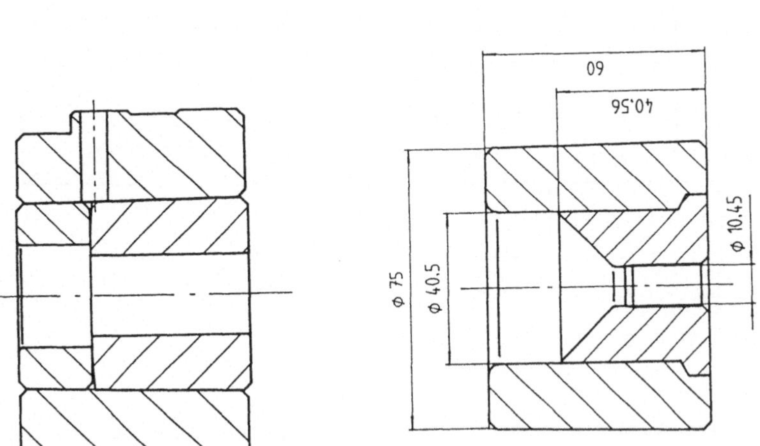

Bild 60: Matrizen-Baugruppen: a) quergeteilt, einfach armiert; b) längsge-
teilt mit Einsatz; c) quergeteilt mit axialer Vorspannung.

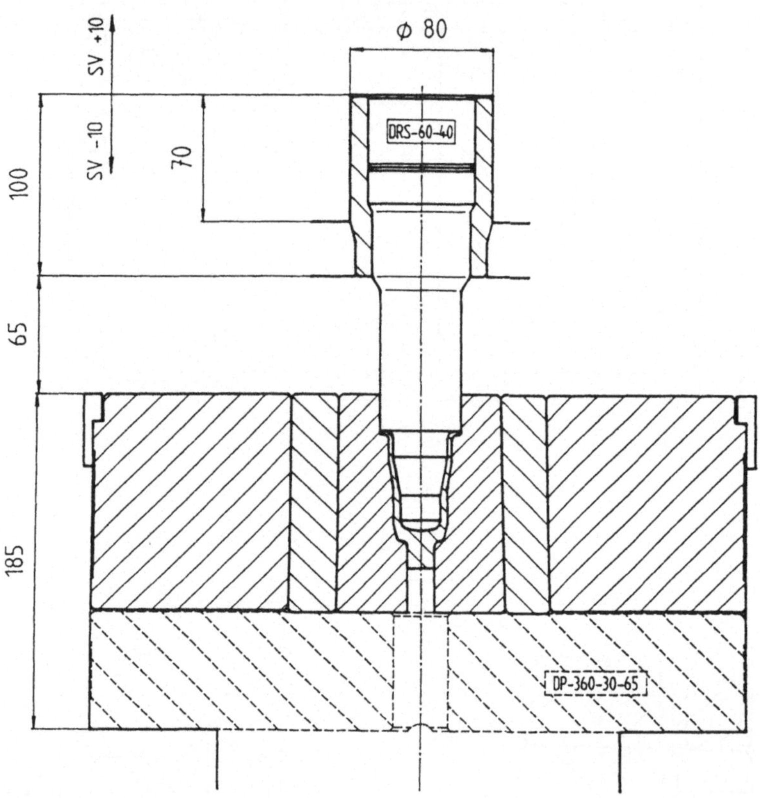

Bild 61: Werkstück mit Stempel- und Matrizenbaugruppe im Einbauraum;
Druckplatte skizziert.

9.4 <u>Zusammenbauzeichnungen</u>

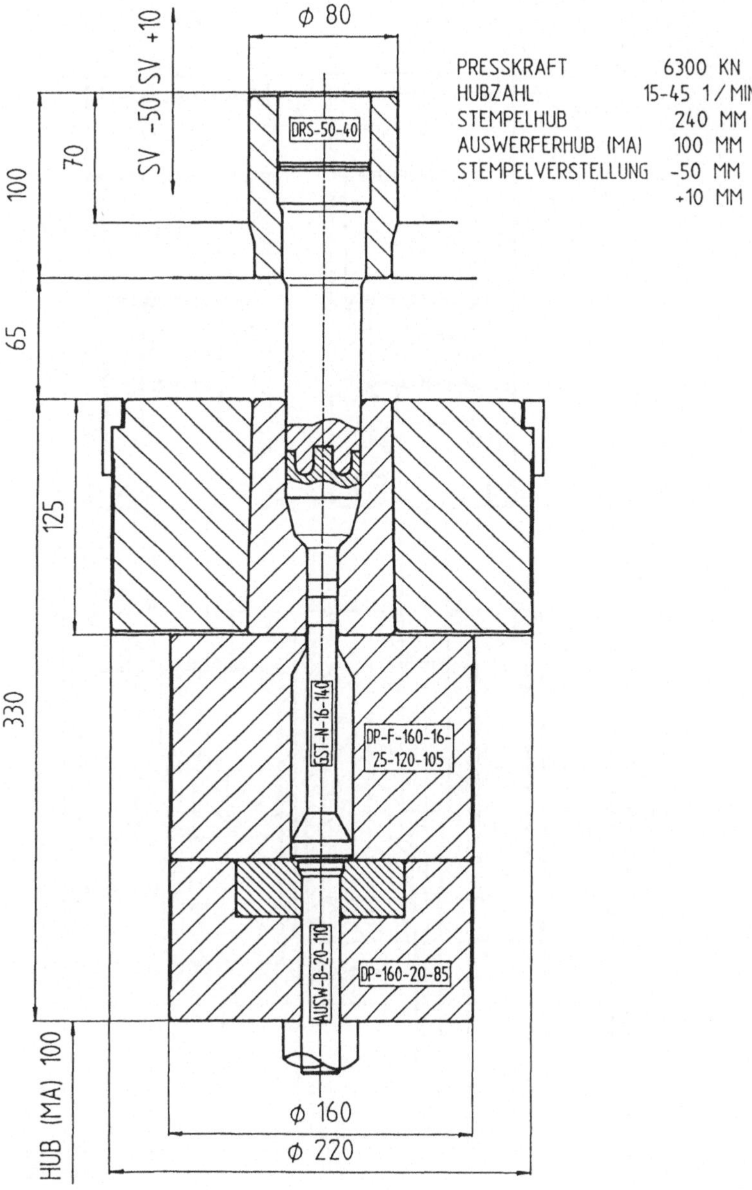

Bild 62: Formpreßwerkzeug für Einstufenpresse.

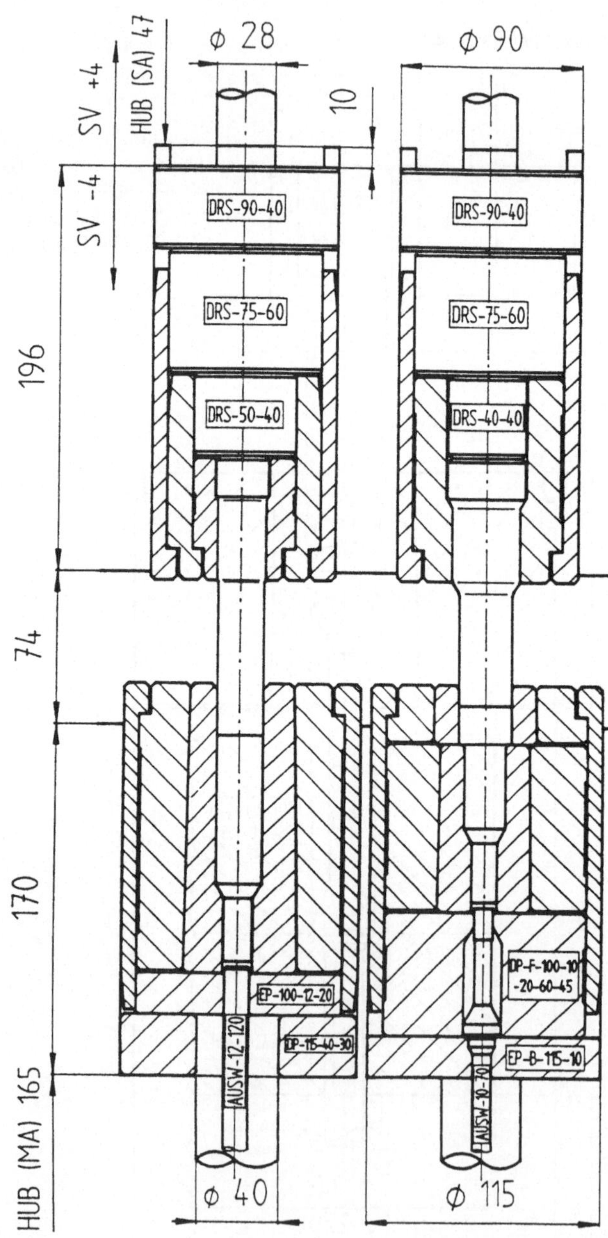

Bild 63: Werkzeugsatz für Mehrstufenpresse zum Stadienplan in Bild 52:
a) Stufe 1 und 2;

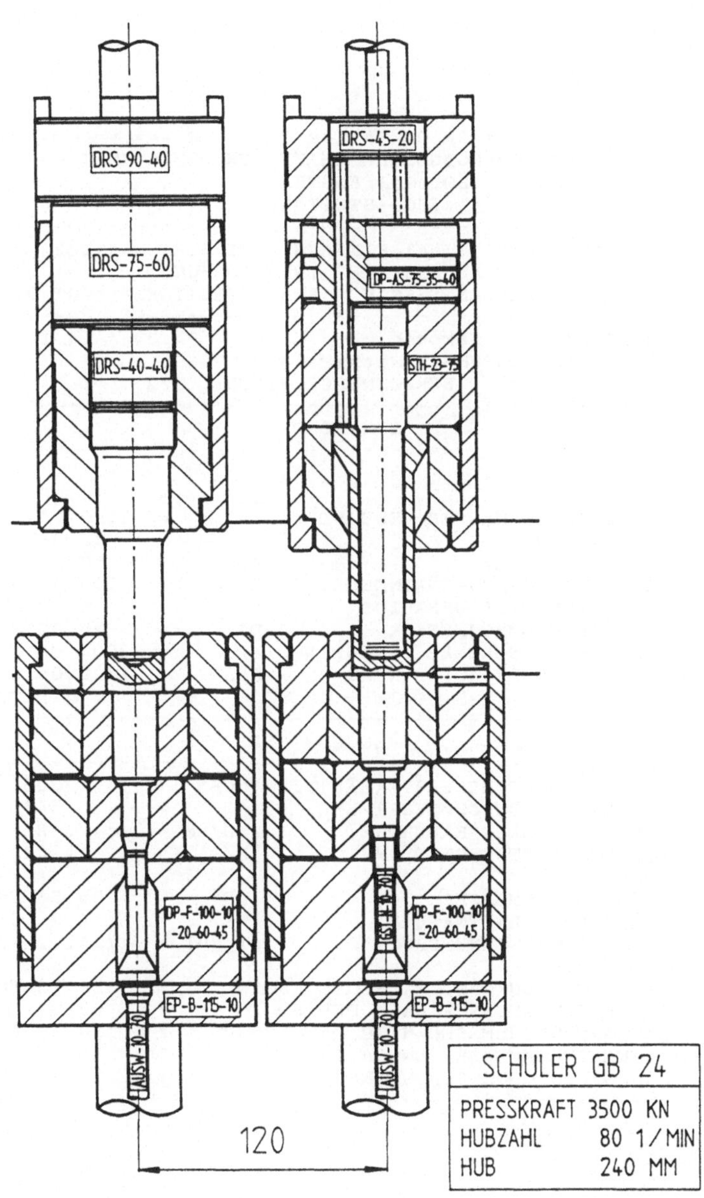

Bild 63b: Werkzeugsatz Stufe 3 und 4.

9.5 <u>Berechnungen</u>

```
I================== N O M A T R I Z - PC ==================I
I             FORSCHUNGSGESELLSCHAFT  UMFORMTECHNIK              I
I                  HOLZGARTENSTRASSE  17                        I
I                     7000 STUTTGART 10                         I
I--------------------------------------------------------------I
I         BERECHNUNG EINER EINFACH ARMIERTEN MATRIZE            I
I              MIT ABGESETZTER INNENBOHRUNG                     I
I      NACH FEM-ERGEBNISSEN VON KRÄMER/NEITZERT (VDI 3176)      I
I--------------------------------------------------------------I
I    BEARBEITER : Makosch              DATUM : 14.11.1989       I
I    TEILEBEZEICHNUNG : Matrize 3/2                             I
I              BERECHNUNGSOPTION : 3/2                          I
I--------------------------------------------------------------I
I                      EINGABEDATEN                            I
I--------------------------------------------------------------I
I                                                              I
I    INNENDURCHMESSER                 DI    =     30.00 MM      I
I    GESAMTDURCHMESSER VERBAND        DA    =    150.00 MM      I
I    MATRIZENHÖHE                     HM    =     80.00 MM      I
I    DRUCKRAUMHÖHE                    HD    =     50.00 MM      I
I    SCHULTER-ÖFFNUNGSWINKEL          2_AL  =    120.00 GRAD    I
I    SCHULTER-EINLAUFRADIUS           R1    =      5.00 MM      I
I    KALIBRIERDURCHMESSER             D1    =     25.00 MM      I
I    DRUCKFLIESSGRENZE INNENRING      SDI   =   2000.00 N/MM^2  I
I    STRECKGRENZE AUSSENRING          RPA   =   1300.00 N/MM^2  I
I                                                              I
I--------------------------------------------------------------I
I                      ERGEBNISSE                              I
I--------------------------------------------------------------I
I    GESAMT-DURCHMESSERVERHÄLTNIS     QGES  =       .200        I
I    INNENRING-DURCHMESSERVERH.       Q1    =       .540        I
I    BEZOGENE DRUCKRAUMHÖHE           HD/HM =       .625        I
I    QUERSCHNITTSREDUKTION            D/D1  =      1.200        I
I                                                              I
I    FUGENDURCHMESSER                 DF    =     55.56 MM      I
I    BEZOGENES HAFTMASS               XI    =      4.2  0/00    I
I    ZULÄSSIGER INNENDRUCK            PI_zul =   1734.02 N/MM^2 I
I                                                              I
I    KALIBRIERDURCHM. NACH DEM FÜGEN      :     24.92 MM        I
I    INNENDURCHMESSER NACH DEM FÜGEN      :     29.91 MM        I
I    AUSSENDURCHMESSER NACH DEM FÜGEN     :    150.17 MM        I
I    INNENDURCHMESSER UNTER PI_zul        :     30.34 MM        I
I    AUSSENDURCHMESSER UNTER PI_zul       :    150.10 MM        I
I--------------------------------------------------------------I
```

Bild 64: Protokollausdruck einer Matrizenberechnung.

Lfd-Nr.	WStoff-Nr. Werkstoffname	Härte	Sig-dB	Sig-d0,2	Sig-bB	Rm	Rp-0,2	E-Modul
					WSTOFF-GRUPPE			
					Bemerkungen			
					WERKZEUGSTAHL			
1	1.2379	64 HRC	2900	2100	2300	2300	2000	206000
	X155 CrVMo 121		- -					
					SCHNELLSTAHL			
5	1.3207	65 HRC	3100	2200	3000	2300	2000	220000
	S 10-4-3-10		für hohe Belastung					
					SCHNELLSTAHL			
6	1.3343	64 HRC	2900	2100	3200	2300	2000	220000
	S 6-5-2		bevorzugt verwenden					
					SCHNELLSTAHL			
7	1.3344	64 HRC	2900	2100	3200	2300	2000	230000
	S 6-5-3		- -					
					HARTMETALL			
8	10	1550HB	5500	2900	1700	0	1100	620000
	G 10		Kalibriervorgänge (Dorn)					
					HARTMETALL			
9	20	1300HB	4500	2500	2100	0	1100	570000
	G 20		Kalibriervorgänge (Dorn)					
					HARTMETALL			
10	40	1100HB	3800	2200	2600	0	1200	500000
	G 40		für Stempel verschleißfeste Sorte wählen					

für Auswahl "LFD-NR." merken   <V>orw., <R>ückw. blättern / <A>uswahl ->

Bild 65: Werkstoffliste nach vorgegebenen Spezifikationen
(Stempelwerkstoff; Härte $\geq$ 63 HRC).

Die Variantentechnik im Bereich der Konstruktion darf nicht losgelöst von anderen Unternehmensbereichen wie Arbeitsvorbereitung, Fertigung oder Qualitätssicherung gesehen werden. Das Potential einer modernen, integrierten Variantentechnik soll durch die Kopplung von CAD mit verschiedenen CIM-Bausteinen aufgezeigt werden.

10.1 CAD-Variantenprogramme und CAM

Die meisten Werkzeuge oder die zugehörigen Erodier-Elektroden werden heute mit numerisch gesteuerten Maschinen gefertigt. Somit liegt es nahe, die Erstellung eines CAD-Variantenprogramms direkt mit der Erstellung des zugehörigen NC-Programms zu koppeln. Dies kann entweder durch eine NC-konforme Konturerzeugung und Bemaßung im CAD-System, durch eine integrierte NC-Variantenprogrammierung oder durch (halb-)automatisches Abtasten der erzeugten CAD-Kontur erfolgen. Solche Kopplungen sind im 2D-Bereich mehrfach erfolgreich realisiert worden, beispielsweise für Blechbearbeitungszentren [17].

Für die Verbindung von CAD- und NC-Systemen werden in [99] acht Alternativen genannt, die sich in integrierte Systeme und CAD/NC-Kopplungen gliedern. Bei der integrierten Lösung befindet sich im CAD-System ein NC-Modul, das auf die CAD-Datenstruktur zugreift und durch zusätzliche Benutzereingaben ein Teileprogramm erzeugt. Die Steuerinformationen werden entweder nach DIN 66025 direkt für den jeweiligen Steuerungstyp erstellt oder nach DIN 66215 im neutralen CLDATA-Format zur Weiterverarbeitung durch Postprozessoren abgelegt. Die integrierte Verarbeitung eignet sich besonders für komplexe Werkstücke mit Freiformflächen, bei denen das Hauptaugenmerk auf einer hohen geometrischen Leistungsfähigkeit liegt.

Bei gekoppelten Systemen wird das Teileprogramm - ausgehend von aus dem CAD-System in geeigneter Form übernommenen Daten - in einem eigenständigen NC-System erstellt. Die Datenübernahme kann auf der Basis von Normschnittstellen (IGES, VDA-FS), von systemspezifischen Schnittstellen in einer NC-Teileprogrammsprache (APT, COMPACT), oder durch direkten Zugriff auf die CAD-Datenbasis erfolgen. Bei Anwendung der Varianten- bzw. Makrotechnik genügt es, die entsprechenden Parameter zu übergeben. In Zukunft wird der

Zugriff auf externe Datenbanken mit produktdefinierenden Daten an Bedeutung gewinnen.

Die Standard-Geometrieschnittstellen sind nicht geeignet, um für NC-Bearbeitung spezifischen Informationen, wie Toleranzen und Oberflächenangaben, zu übertragen. Um diesem Problem aus dem Weg zu gehen und auf der Seite der NC-Programmierung einen hohen Automatisierungsgrad zu erzielen, bietet es sich im Bereich der Variantenprogrammierung an, parallel zur CAD-Seite ein entsprechendes Variantenprogramm auf der Seite der NC-Fertigung zu installieren. Die Kopplung kann dann über eine entsprechende Parameterdatei erfolgen, die vom CAD-Variantenprogramm erstellt wird [67].

10.2 CAD-Variantenprogramme und PPS

Bei komplexen Variantenprogrammen, die aus mehreren Komponenten bestehen, ist die automatische Generierung einer Rohstückliste für die Konstruktion möglich. Dazu muß entweder ein entsprechendes Konstruktions-Stücklistensystem oder ein PPS-System mit speziellen Entwicklungsstücklisten verfügbar sein, welches die entstehenden Daten über Programm- oder Datenschnittstellen empfangen kann und ein interaktive Weiterbearbeitung ermöglicht. Die im Werkzeugbau vorherrschende Einzel- oder Kleinserienfertigung stellt besondere Anforderungen an ein PPS-System [100].

Der Zugriff auf die Lagerbestandsdaten von Werkzeugwechselteilen ermöglicht die Steuerung der Zeichnungserstellung durch die Variantenprogramme: Ist das Bauteil vorhanden, erfolgt lediglich ein Stücklisteneintrag, andernfalls wird eine Werkstattzeichnung erstellt und ein Fertigungsauftrag erteilt. Statt per Eingabedialog kann die Parameterversorgung der Variantenprogramme aus den zum gewählten Werkzeugelement abgelegten Sachmerkmalen erfolgen, so daß die Zeichnungserstellung im Batchbetrieb möglich ist.

10.3 CAD-Variantenprogramme und CAQ

Die Erstellung der Prüf- und Meßpläne für ein Werkzeug im Anschluß an die Konstruktion und Musterfertigung ist meist sehr aufwendig und erhöht die Durchlaufzeit beträchtlich. Es ist daher wirtschaftlich sinnvoll, parallel zur Konstruktion bereits auch die Prüfpläne zu erstellen. Damit werden

einerseits die Stillstandszeiten der teuren Meßmaschinen reduziert und
andererseits der Ausschuß vermindert, da bereits die ersten Prototypen ge-
prüft werden können.

Das Aufstellen von Prüfplänen für dezentrale intelligente Datenerfassungs-
systeme zur statischen Prozeßkontrolle erfolgt heute durch Auswertung der
in den Zeichnungen angegebenen Prüfanweisungen meist mit Hilfe eines PC-
Arbeitsplatzes oder durch direkte Programmierung der Geräte selbst.
Aufgrund der in der Teilebeschreibung enthaltenen Informationen sowie der
teilespezifischen Meßmerkmale kann die Erstellung dieser Prüfpläne bei
Integration in die CAD-Anwendung ebenfalls unterstützt werden. Fehlerquellen und Reibungsverluste lassen sich durch die direkte Übernahme von
Toleranzangaben gezielt vermeiden. Voraussetzung dafür ist, insbesondere
bei maßlichen Änderungen des Teils, eine maschinelle Verarbeitbarkeit der
Teiledaten. Dies ist bei rein zeichnerisch orientiertem CAD-Einsatz nahezu
unmöglich.

Durch eine Verknüpfung der Teilemerkmale mit den Arbeitsplänen und mit den
einzelnen Schritten des Fertigungsprozesses kann darüber hinaus eine
Unterstützung bei Analysen von Fehler-Möglichkeiten und -Einflüssen (FMEA)
erreicht werden [68].

Solche CAQ-Integrationen befinden sich größtenteils noch in der Entwicklung, werden aber in Zukunft eine wichtige Rolle spielen [101; 102].

10.4 CAD-Variantenprogramme und der CIM-Gedanke

Der CIM-Gedanke fordert, daß sich jeder Unternehmensbereich als Teil des
Ganzen betrachtet und versucht, den Gesamtaufwand zu reduzieren. Dabei
sollen möglichst zahlreiche Daten wiederverwendet und so aufbereitet
werden, daß auch andere Unternehmensbereiche einen größtmöglichen Nutzen
daraus ziehen können. Dies aber bedeutet letztendlich, daß - ausgehend von
einer gegebenen Produktlogik - alle notwendigen Erzeugnisunterlagen möglichst automatisch und konsistent erstellt werden sollen.

Bereits im Angebotsstadium können beispielsweise mittels der Entschei-
dungstabellentechnik Konfigurationen von Werkzeugsätzen bzw. Maschinen
vorgenommen und entsprechende Leitparameter definiert werden. Aufbauend

auf diesem zentralen Datensatz können entsprechende "CIM-Variantenpro-
gramme" gestartet werden, die nicht nur die technischen Zeichnungen,
sondern auch die Stücklisten, die NC-Programme, die Kalkulationen und die
Prüfpläne für die einzelnen Bauteile und Baugruppen möglichst automatisch
erstellen.

Eine derart weitgehende Integration läßt sich jedoch nur durch entsprechende offenen Basissysteme (d.h. CAD-, PPS-, CAM- und CAQ-Systeme) und
angekoppelte technische Informationssysteme (d.h. Sachmerkmalsleisten,
Stücklistenprozessoren, Entscheidungstabellen) erreichen. Dies wiederum
verlangt offene, frei verfügbare Programm-Schnittstellen für alle Module
und eine einheitliche zentrale Datenhaltung mit modernen relationalen
Datenbanken.

Durch einen gut vorbereiteten Einsatz der Variantentechnik, der durch eine
Integration mit technischen Informationssystemen geeignet unterstützt
wird, können die gewünschten und notwendigen CIM-Effekte (Senkung der
Durchlaufzeit, verbesserte Reproduzierbarkeit, Steigerung der Angebots-
vielfalt und Qualität) erreicht werden [74].

Wie die vorangehenden Abschnitte gezeigt haben, kann die Werkzeugkonstruktion nicht isoliert als Datenendverbraucher betrachtet werden. Der CAD-
Einsatz ist vielmehr abteilungsübergreifend als Teil einer Gesamtkonzep-
tion unter Berücksichtigung der Datenflüsse zu sehen. Die geforderte
Funktionalität kann nur mit Hilfe von anwendungsspezifischen Software-Bau-
steinen verwirklicht werden.

10.5 Systemneutrale CAD-Variantenprogramme

Einen wichtigen Teilbereich der Variantenprogrammierung stellt die Bereitstellung von Normteilen und Normalien dar. Die bisherigen Lösungen in
Makrosprachen und parametrischen Modellen sind nur auf dem CAD-System einsetzbar, für das sie konzipiert sind. Trotz einiger Schwachstellen und der
Verfügbarkeit alternativer Lösungen (z.B. das NKS-Konzept von CADBAS
[103]) ist heute davon auszugehen, daß sich für die Normteilprogrammierung
im deutschsprachigen Raum die VDA-Programmschnittstelle nach DIN V 66304
[104] mit den zugehörigen CAD-Sachmerkmalsdateien nach DIN V 4001 [105]
durchsetzen wird.

Die VDA-PS wurde in Abstimmung mit dem DIN und dem VDMA vom Verband der deutschen Automobilindustrie (VDA) definiert und besteht aus einer Bibliothek genormter Unterprogramme und Funktionen, die in FORTRAN 77 eingebettet sind. Sie soll die einheitliche Realisierung von DIN-Normteilen, Werksnormen und Katalogteilen gewährleisten [106].

In den Normblättern der Reihe DIN V 4001 sind die Zusammenhänge zwischen den Produktnormen und der CAD-Normteildatei festgelegt. Sie enthalten Vorgaben hinsichtlich des Aufbaus der Merkmaltabellen sowie der Struktur und Ausprägung von Programmbausteinen zur Erzeugung der CAD-Geometrie für Normteile. Die Regeln zur Erstellung der Normenreihe DIN V 4001, der Entwicklung von Geometriestrukturen und Merkmaltabellen und deren Syntax sind im DIN-Fachbericht 14 festgelegt [107].

Für die Anwender von CAD-Systemen mit spezifischen Variantensprachen, die nicht in FORTRAN eingebettet sind, stellt sich somit die Frage, ob zukünftig auch betriebsinterne Variantenprogramme nach VDA-PS entwickelt werden sollen. Gegen eine Aufgabe der spezifischen Sprache spricht derzeit jedoch eine Reihe von Einschränkungen:

- VDA-PS ist bislang nur für die Programmierung von 2D- und 3D-Kantenmodellen ausgelegt, eine Ausdehnung auf das 3D-Volumenmodell befindet sich erst in der Vorschlagsphase,
- es fehlen Funktionen zur Bemaßung, für eine Attributsvergabe (z.B. Aussehen von Linien und Texten), zur Strukturierung von Baugruppen- und Zusammenbauzeichnungen sowie zum Zugriff auf bereits gezeichnete Geometrie und auf CAD-Systemparameter,
- spezielle Fähigkeiten der CAD-Systeme werden nicht genutzt (Prinzip des gemeinsamen Nenners),
- derzeit liegen noch kaum fehlerfreie und vollständige VDA-PS-Implementierungen vor, Erweiterungen der Spezifikation sind erst mit Verzögerung verfügbar, eine Zertifizierung von Schnittstellenprozessoren ist in absehbarer Zeit nicht zu erwarten,
- die freie Portabilität der Programme und Parameterdateien ist durch die Notwendigkeit der Einbindung in eine systemabhängige Benutzeroberfläche sowie durch anbieterspezifische Lösungen im Bereich der noch nicht genormten Funktionalität eingeschränkt.

Das bedeutet, daß die meisten Anwender derzeit und in naher Zukunft zweigleisig fahren müssen, indem sie VDA-PS-Programme für DIN-Normteile und CAD-spezifische Sprachen mit höherer Funktionalität für firmeninterne Variantenprogramme anwenden [108].

10.6 CAD-Datenbanken

Für die im vorliegenden Anwendungsfall häufig vorkommenden Suchoperationen nach ähnlichen Umformteilen und Konstruktionen sind tiefergreifende Informationen sowohl über das Werkstück als auch die Werkzeuge notwendig, die sich aus einer ein zeichnerischen Erfassung und Speicherung der Teile maschinell nicht ableiten lassen. Hierzu zählen beispielsweise die Angaben von Toleranzen, Oberflächenbehandlungen und ähnlichen, preßtechnisch relevanten Daten, die sich als Textvermerk auf der Zeichnung finden.

Zur Erfüllung der gestellten Anforderungen ist daher der Aufbau einer objektorientierten Datenbasis als Hintergrund zu den erstellten CAD-Zeichnungen erforderlich. Diese Datenbank enthält sämtliche geometrische und technologische Daten des Teils. Erleichtert wird dies durch die relativ einfache geometrische Teilestruktur der Kaltformteile und Werkzeuge [68; 109]. Sie stellt das zentrale Integrationsinstrument für die Realisierung eines CIM-Konzepts dar [110].

10.7 Neutrale CAD-Datenschnittstellen

Eine weitere wesentliche Voraussetzung für die Realisierung eines CIM-Konzepts sind systemneutrale Schnittstellen zur Übertragung aller anfallenden Daten zwischen den einzelnen Systembausteinen und zwischen unterschiedlichen Systemen. Die bislang existierenden Standards, wie z.B. IGES, VDA-FS, etc., decken lediglich Teilbereiche ab und sind nicht umproblematisch in der Anwendung [111; 112]. Sie haben zudem mit Ausnahme von IGES nur nationale Bedeutung erlangt, entsprechende Schnittstellen sind daher nicht für alle Systeme verfügbar oder ausreichend funktionssicher. Vor diesem Hintergrund erhebt sich die Forderung nach einer weltweit gültigen und unterstützten Universalschnittstelle für alle produktdefinierenden Daten.

Eine vorläufige Übergangslösung zur Vermeidung der mit IGES verbundenen Schwierigkeiten wurde mit der Spezifikation VDA-IS geschaffen [113; 114]. Darin werden praxisrelevante Teilmengen von IGES 3.0 für die gängigen Modellarten festgelegt, ergänzt um genaue Anwendungsrichtlinien. Dank strenger und eindeutiger Definition verringert sie die vorhandenen Interpretationsspielräume mit dem Ergebnis einer ausreichend sicheren Datenübertragung. Zugehörige Schnittstellen-Prozessoren befinden sich meist noch in der Implementierungsphase. Sie können aufgrund der Festlegungen von einer neutralen Stelle zertifiziert werden.

Der nur punktuell erfolgreiche Einsatz der bestehenden Standards führte zur Entwicklung der Schnittstellen-Spezifikation STEP [115]. Dieses universelle Format soll alle während der Lebensdauer eines Produkts anfallenden Daten abbilden, um Ansprüche hinsichtlich der Datenübertragung und langfristigen Datenarchivierung zu erfüllen. Dazu wird die Gesamtinformation in logisch klassifizierte Informationsmengen, sog. Partialmodelle, aufgespalten, die entweder anwendungsneutrale oder anwendungsspezifische Daten enthalten, z.B. Geometrie, Toleranzen, Stücklisten oder branchenbezogene Informationen. Bei Bedarf ist das Format modular um weitere Partialmodelle erweiterbar. Die Definition weist derzeit noch eine Reihe von Schwachpunkten und Unstimmigkeiten auf und ist bei weitem noch nicht abgeschlossen. Aufgrund ihrer Komplexität ist mit dem Einsatz praktikabler STEP-Prozessoren mit zunächst eingeschränktem Leistungsumfang erst in der zweiten Hälfte der 90er Jahre zu rechnen.

10.8 Wissensbasierte CAD-Systeme

Abgesehen von der Variantenkonstruktion umfaßt der Konstruktionsprozeß eine Vielzahl von kreativen und heuristisch geprägten Arbeitsschritten, die mit herkömmlicher Programmiertechnik nicht zufriedenstellend in Rechnerprogrammen abzubilden sind. Als Lösungsalternative bieten sich hier die Methoden der künstlichen Intelligenz an, die in sogenannten Expertensystemen zur Anwendung kommen.

Ein Expertensystem besitzt auf einem speziellen eng umgrenzten Wissensgebiet die Kompetenz von menschlichen Experten und wird als Beratungs- und Problemlösungssystem eingesetzt. Das System kann aus dem gespeicherten Wissen Schlußfolgerungen ziehen. Die Hauptbestandteile sind eine Wissensbasis mit Fakten, logischen und empirischen Zusammenhängen, Methoden und Strategien, sowie eine sogenannte Interferenzmaschine zur Verarbeitung dieses Wissens. Diese Aufteilung ermöglicht die modulare Darstellung von Wissen und die einfache stufenweise Erweiterung des Systems [116].

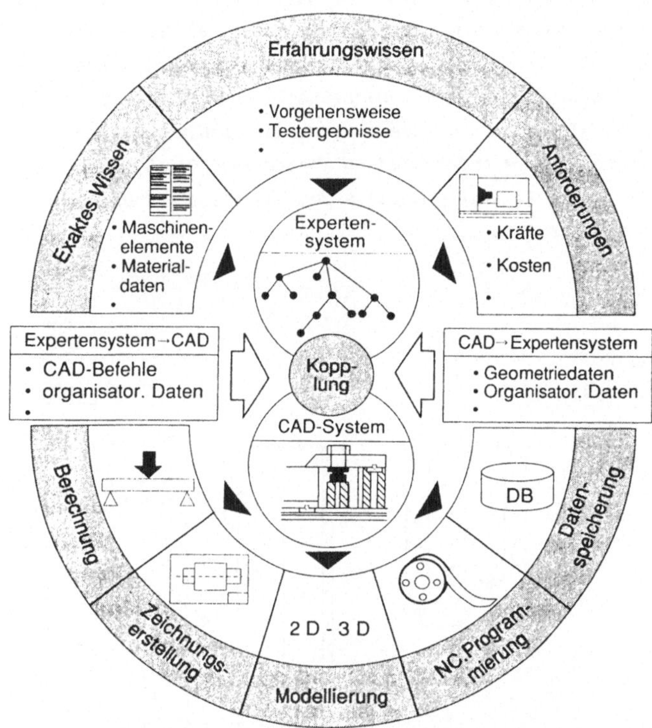

Bild 66: Kopplung von Expertensystem und CAD-System nach [117].

Wird ein Expertensystem in geeigneter Weise an ein CAD-System gekoppelt, so kann der Konstrukteur schon von der Konzeptionsphase an wirkungsvoll unterstützt werden. In Bild 66 ist ein solches Verbundsystem zusammen mit den Eingangs- und Ausgangsgrößen der Teilsysteme dargestellt. Das Expertensystem enthält das Konstruktionswissen, welches bislang in CAD-Systemen nicht bereitgestellt werden konnte. Es umfaßt neben exaktem Fachwissen auch Erfahrungen und Heuristiken. Hauptaufgabe des CAD-Systems ist die Erzeugung, Darstellung und Verarbeitung der geometrischen Modelle [117]. Weitere Beispiele für wissensbasierte Konstruktionssysteme werden in [118-120] vorgestellt. Sie befinden sich derzeit überwiegend im Stadium von

Prototypen, die Praxistauglichkeit ist mittelfristig mit weiteren Verbesserungen der Rechnerleistung zu erwarten.

Bei der Konstruktion von Umformwerkzeugen ist die Entwicklung der Fertigungsfolge ein bevorzugtes Einsatzgebiet für wissensbasierte Systeme. Bild 67 zeigt einen Stadienplan, der mit dem vorgestellten System KONWERKA im Verbund mit dem Expertensystem CEFSGEN [40] entwickelt wurde. Dazu wurde die im CAD-System gezeichnete Umformteilkontur über die Konturschnittstelle an das KI-System übergeben, dort der Stadiengang ermittelt und die Konturkoordinaten der Umformstadien wieder ins CAD-System zurückgeholt. Durch interaktive Ergänzung mittels des Teilebeschreibungmoduls entstand daraus die bemaßte Zeichnung.

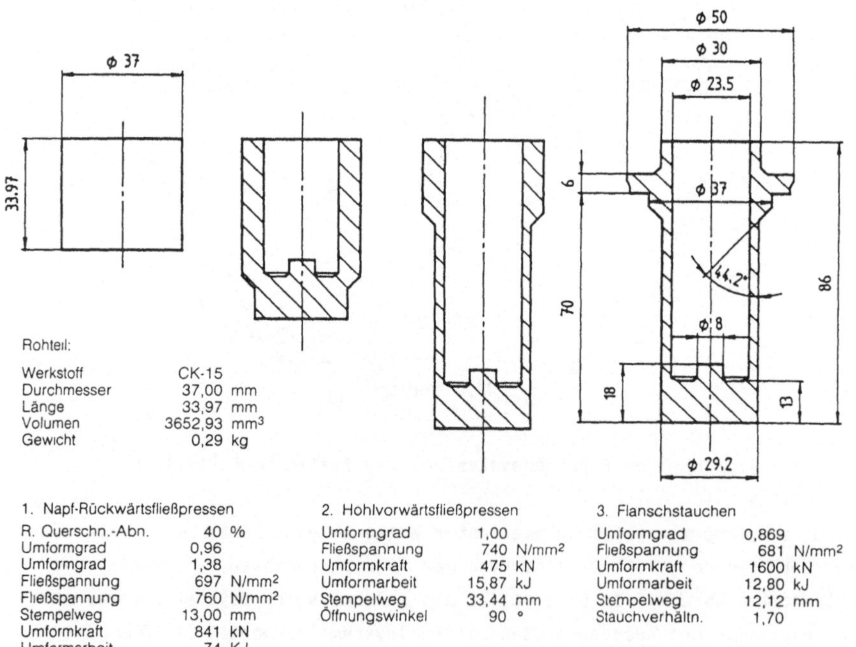

Bild 67: Stadienplan, erstellt auf CAD-System mit angekoppeltem Expertensystem [121].

10.9 Ausbaumöglichkeiten des Werkzeug-Konstruktionssystems

Das vorgestellte Konstruktionssystem stellt eine praxisorientierte, aber firmenneutrale Beispiellösung dar. Das für Erweiterungen offene Basis-System, die modulare Programmstruktur und die vorgesehene Konturdatenschnittstelle bieten die Voraussetzung für verschiedenartige Weiterentwicklungen. Die übergeordnete Strategie wird dabei immer die zunehmende Integration angrenzender CA-Techniken sein, mit dem Ziel einer umfassenden Rechnerunterstützung aller Unternehmensbereiche. Die vorangegangenen Abschnitte zeigten bereits Ansätze und Wege für derartige Kopplungen auf der Basis von Variantenprogrammen und Produktdatenbanken. Im angestammten Bereich der Konstruktion ist ebenfalls eine Reihe von funktionalen Erweiterungen denkbar:

- Erweiterung des Werkzeug-Teilespektrums, besonders bei Wechselteilen,
- zusätzliche höherwertige Elemente für die Teilebeschreibung,
- Erweiterung des Werkstückspektrums auf nicht rotationssymmetrische Konturbereiche, beginnend mit spiegelsymmetrischen Abschnitten (Vielkante, seitliche Planflächen),
- grafische Simulation von Pressenbewegung und Werkstücktransport zur Kollisionsüberwachung,
- firmenspezifisch erweitertes Baugruppenkonzept bis hin zu kompletten Standardkonstruktionen,
- Integration zusätzlicher Konstruktionslogik, ggf. unter Einsatz von KI-Methoden, z.B. Vorschläge zur Werkstückplazierung im Einbauraum, zur Festlegung von Bauteilhöhen und -längen, zur Wahl der Maschine und des Werkzeuggrundtyps,
- erweiterte Berechnungsmöglichkeiten, z.B. Matrizen und Stempel mit nicht kreisrundem Querschnitt, weitere Vorgangskenngrößen,
- Aufnahme von Werkstückstoffen in die Werkstoffdatenbank,
- Anschluß eines Moduls zur Kostenanalyse.

Das Konstruktionssystem KONWERKA befindet sich in betriebsspezifisch angepaßter Form bei einem der beteiligten Projektpartner im Einsatz und wird dort stetig in Richtung eines integrierten CAD/CAM/PPS-Systems weiterentwickelt. Andere Firmen nutzen die unabhängig lauffähigen Einzelmodule in ihrem individuell gewachsenen CAD-Umfeld oder sie greifen die Konzeption für ihre eigene Programmentwicklung auf. Diese Anwendungen in der Praxis unterstreichen die Tragfähigkeit, Integrierbarkeit und Erweiterungsfähigkeit des vorgestellten Konzepts.

Literaturverzeichnis

[1] Ilzig, F.: CAD bei der Herstellung von Werkzeugen für die Massivum-
     formung. wt-Z. ind. Fertig. 75 (1985) Nr. 9, S. 541-545.

[2] Geiger, M.: CAD bei Werkzeugen und Maschinen der Umformtechnik.
     In: Tagungsband "Kolloquium Umformtechnik", 14.12.1979, Stuttgart,
     S. 59-108.

[3] Herbertz, R.: CAD/CAM/CAE für die Gesenkschmiedeindustrie - Vision
     oder Notwendigkeit? In: Tagungsband "CAD/CAM in der Schmiedein-
     dustrie", 23.-24.6.1988, Hagen, S. 139-149.

[4] Wingert, B. u.a.: CAD im Maschinenbau. Wirkungen, Chancen, Risiken.
     Berlin u.a.: Springer 1984.

[5] Meyer, B.; Wirries, D.: Effizienzsteigerung durch anwendungsspezifi-
     sche CAD/CAM-Systeme. CAD-CAM-CIM Sonderteil in Hanser-Fachzeit-
     schriften, März 1990, S. CA 15-18.

[6] Marktübersicht CAD/CAM-Systeme. Teil 1: Mechanik. CAD-CAM Report 8
     (1989) Nr. 9, S. 120-140.

[7] ISIS Engineering Report. München: Nomina 1987.

[8] Obermann, K.: CAD/CAM-Handbuch '85. München: Verlag für Computer-
     grafik 1985.

[9] Eigner, M.; Maier, H.: Einführung und Anwendung von CAD-Systemen.
     Leitfaden für die Praxis. München: Hanser 1982.

[10] Spur, G.; Krause, F.-L.: CAD-Technik. Lehr- und Arbeitsbuch für die
     Rechnerunterstützung in Konstruktion und Arbeitsplanung. München:
     Hanser 1984.

[11] Encarnacao, J. u.a.: CAD-Handbuch. Auswahl und Einführung von CAD-
     Systemen. Berlin u.a.: Springer 1984.

[12] Damm, K.; Spahn, P.: CAD-CAM-Einsatz in der Umformtechnik. Werkst. u. Betr. 118 (1985) Nr. 10, S. 665-724.

[13] Abramovici, M.: Methoden zur Entwicklung firmenbezogener CAD-Softwarekonzepte. Produktionstechnik Berlin, Bd. 43. München, Wien: Hanser 1985.

[14] Foral, E.: Rechnerunterstützte Blechteilkonstruktion mit einer Verfahrenskette. CAD/CAM 3 (1984) Nr. 3, S. 50-53.

[15] Holtschmidt, A.: CAD mit Einbindung technischer Berechnungen im Werkzeugmaschinenbau. Werkst. u. Betr. 120 (1987) Nr.1, S. 25-28.

[16] Stepper, M.; Kühbauch, P.: Rechnerunterstützte Konstruktion und Fertigung im Werkzeugbau. CAD-CAM-CIM Sonderteil in Hanser-Fachzeitschr., Okt. 1987, S. CA 100-105.

[17] Geiger, M.; König, W.: CAE in der Blechbearbeitung. In: Tagungsband "Grundlagen der Umformtechnik II". Berichte aus dem Institut für Umformtechnik, Univ. Stuttgart, Nr. 75. Berlin u.a.: Springer 1983, S. 79-104.

[18] Barth, R.: CAD im Großwerkzeugbau - Anpassung des Werkzeugbaus an die Erfordernisse des CAD. In: Tagungsband "Neuere Entwicklungen in der Blechumformung", 31.5.-1.6.1988, Stuttgart, S. 12/1-12/20.

[19] Neubert, B; Voelkner, W.: CADED - Rechnerunterstützte Konstruktion von Fließpreßwerkzeugen. Fert. u. Betr. 31 (1981) Nr. 11, S.658-660.

[20] Ammer,J.; Schachenwalde, B.; Voelkner, W.: CAD/CAM-System für Fließpreßwerkzeuge. Fert. u. Betr. 35 (1985) Nr. 3, S. 145-147.

[21] Autorenkollektiv: Datenspeicher Umformverfahren, Teil 9/2: Kaltfließpressen. Forschungszentrum für Umformverfahren, Zwickau 1976.

[22] Ilzig, F.: Integration von CAP-CAD-CAM in einem Werkzeugbau der spanlosen Umformung. VDI-Bericht Nr. 492. Düsseldorf: VDI-Verlag 1983, S. 103-109.

[23] Lee, R.S.: Computer Aided Design of Extrusion Tooling. Proc. 1st ICTP, Tokyo, Japan, 1984, S. 557-562.

[24] Maj, M.: Interactive CAD-Programs for Drawing and Design of Tooling Assemblies for Cold Forging on Multi-Station Machines. 18th Plenary Meeting of the ICFG, Schweden, Sept. 1985.

[25] Maj, M.; Altan, T,: Some Recent Work on CAD-Programs for Cold Forging Sequences and Tooling Design in Australia and the USA. 20th Plenary Meeting of the ICFG, Warschau, Polen, Sept. 1987.

[26] Davidson, T.P.; Knight, W.A.: Computer Aided Process Design for Cold Forging Operations. Proc. 1st ICTP, Tokyo, Japan, 1984, S. 551-556.

[27] Bariani, P.; Knight, W. A.: Computer Aided Cold Forging Process Design: Determination of Machine Setting Conditions. Annals of the CIRP Vol. 34/1/1985.

[28] Bariani, P.; Benuzzi, E.; Knight, W. A.: Computer Aided Design of Multi-Stage Cold Forging Process: Load Peaks and Strain Distribution Evaluation. Annals of the CIRP Vol. 36/1/1987, S. 145-148.

[29] Bariani, P.; Knight, W. A.: Computer Aided Cold Forging Process Design: A Knowledge Based System Approach to Forming Sequence Generation. Annals of the CIRP Vol. 37/1/1988, S. 243-246.

[30] König, W. u.a.: CAD-Einsatz in der Umformtechnik. Ind.-Anz. 107 (1985) Nr. 26, S. 27-30.

[31] Shi, H.Y.; Dean, T.A.: A CAD/CAM Package for Dies for Cold Extrusion of Cans. Proc. 26th MTDR Conf., Manchester, 1986, S. 41-47.

[32] VDI-Richtlinie 3185, Blatt 2: Berechnung der bezogenen Stempelkraft und der größten Fließpreßkraft für das Napf-Rückwärts-Fließpressen von Stahl bei Raumtemperatur. Düsseldorf: VDI-Verlag 1970.

[33] ICFG Document No 6/82: General Recommendations for Design, Manufacture and Operational Aspects of Cold Extrusion Tools for Steel Components. Redhill, UK: Portcullis Press 1983.

[34] Szabadits, Ö.: A CAD System for Screw Manufacturing Technology and
Tool Design. Int. Symposium of Metal Forming, Krakau, Polen 1987.

[35] Ilzig, F.:Interaktives rechnergestütztes System zur Konstruktion von
Werkzeugen für die Kaltmassivumformung. Berichte aus dem Inst. für
Umformtechnik, Univ. Stuttgart, Nr. 102. Berlin u.a.: Springer 1989.

[36] Körner, E.: Euklid-Anwenderpaket für rotationssymmetrische Warm-
fließpreßwerkstücke und Werkzeuge. Draht 40(1989) Nr.7/8, S.595-598.

[37] Körner, E.: Rechnerunterstützte Konstruktion von rotationssymmetri-
schen Schmiedeteilen und Warmfließpreßwerkzeugen. Berichte aus dem
Inst. für Umformtechnik, Univ. Stuttgart, Nr. 105. Berlin u.a.:
Springer 1990.

[38] Rebholz, M.: Interaktives Programmsystem zur Erstellung von Fertigungsunterlagen für die Kaltmassivumformung. Berichte aus dem Inst.
für Umformtechnik, Univ. Stuttgart, Nr. 60. Berlin, Heidelberg, New
York: Springer 1981.

[39] Sevenler, K.: Knowledge-Based Systems Approach to Forming Sequence
Design for Cold Forming. Diss. Ohio State Univ., Columbus, USA 1986.

[40] Lange, K.; Du, G.; Kammerer, M.: Konstruktion von Zwischenformen in
der Kaltmassivumformung mit einem Expertensystem. In: Tagungsband
"Neuere Entwicklungen in der Massivumformung", 6.-7.6.1989,
Stuttgart.

[41] Adler, G.; Walter, K.: Berechnung von einfachen und mehrfachen
Preßpassungen. Ind.-Anz. 89 (1967) Nr. 39, S. 805 - 809 und Nr. 47,
S. 967 - 971.

[42] VDI-Richtlinie 3186: Werkzeuge für das Kaltfließpressen von Stahl.
Blatt 1: Aufbau, Werkstoffe (12.71).
Blatt 2: Gestaltung, Herstellung, Instandhaltung von Stempeln und
Dornen (12.71).
Blatt 3: Gestaltung, Herstellung, Instandhaltung, Berechnung von
Preßbüchsen und Schrumpfverbänden (6.74).
Düsseldorf: VDI-Verlag.

[43] Lange, K.; Geiger, M.; Rebholz, M.: Analytische Berechnung von Schrumpfverbänden unter radialem Innendruck. CAD-Berichte KfK-CAD Nr. 88, Kernforschungszentrum Karlsruhe, 1979.

[44] Krämer, G.: Beitrag zur beanspruchungsgerechten Auslegung rotations-symmetrischer Fließpreßmatrizen. Berichte aus dem Inst. für Umform-technik, Univ. Stuttgart, Nr. 49, Essen: Girardet 1979.

[45] Lange, K.; Neitzert, Th.: Rechnerunterstützte Auslegung von doppelt armierten Werkzeugen zum Kaltfließpressen. CAD-Berichte, KfK-CAD 177, Kernforschungszentrum Karlsruhe 1980.

[46] VDI-Richtlinie 3176 (Neufassung): Vorgespannte Preßwerkzeuge für das Kaltmassivumformen. Düsseldorf : VDI-Verlag 1986.

[47] Kling, E.: Aufweitung von Fließpreßmatrizen mit überlagerter thermi-scher und mechanischer Beanspruchung. Berichte aus dem Inst. für Um-formtechnik, Univ. Stuttgart, Nr. 81. Berlin u.a.: Springer 1985.

[48] Erben, K.; Goldhan, K.-D.: Ein Beitrag zu Festigkeitsproblemen an Stempeln aus gehärteten Arbeitsstählen für die Kaltmassivumformung. Dr.-Ing.-Diss., TU Dresden 1976.

[49] ICFG Document No. 5/82: Calculation Methods for Cold Forging Tools. Redhill, UK: Portcullis Press 1983.

[50] Geiger, R., Lange, K.; Osen, W.: Fließpressen. In: Lange, K.(Hrsg.): Umformtechnik. Handbuch für Industrie und Wissenschaft. 2. Aufl., Bd. 2: Massivumformung. Berlin u.a.: Springer 1988.

[51] Mayrhofer, K.: Kaltfließpressen von Stahl und NE-Metallen. Berlin u.a.: Springer 1983.

[52] Marx, G.: Ein Beitrag zur Entwicklung eines Vorschriftensystems für die Ermittlung der max. Stempelkräfte und Radialspannungen des Rückwärtsnapf- und Vorwärtsfließpressens von Stahl unter besonderer Berücksichtigung der auf den Fließpreßvorgang wirkenden Einfluß-größen. Dissertation, TU Dresden 1975.

[53] Marx, G.: Vorschriftensystem Spannungen und Kräfte beim Fließpres-
      sen. Abschlußbericht, TU Dresden 1973.

[54] Roll, K.: Einsatz numerischer Näherungsverfahren bei der Berechnung
      von Verfahren der Kaltmassivumformung. Berichte aus dem Inst. für
      Umformtechnik, Univ. Stuttgart, Nr. 66. Berlin, Heidelberg, New
      York: Springer 1982.

[55] Tekkaya, A. E.: Ermittlung von Eigenspannungen in der Kaltmassivum-
      formung. Berichte aus dem Inst. für Umformtechnik, Univ. Stuttgart,
      Nr. 83. Berlin u.a.: Springer 1986.

[56] Vu, T. C.: Beanspruchungsgerechte Auslegung von Fließpreßwerkzeugen
      mit numerischen Berechnungsmethoden. Berichte aus dem Inst. für Um-
      formtechnik, Univ. Stuttgart, Nr. 91. Berlin u.a.: Springer 1986.

[57] Hoffmann, K.: Aufweitung von Fließpreßmatrizen mit quadratischem
      Durchbruch. Ind.-Anz. 110 (1988) Nr. 39, S. 30-31.

[58] Pahl, G.; Beitz, W.: Konstruktionslehre. 2. Auflage. Berlin u.a.:
      Springer 1986.

[59] VDI-Richtlinie 2221: Methodik zum Entwickeln und Konstruieren tech-
      nischer Systeme und Produkte. Düsseldorf: VDI-Verlag 1985.

[60] VDI-Richtlinie 2222 Blatt 1: Konzipieren technischer Produkte.
      Düsseldorf: VDI-Verlag 1977.

[61] Beitz, W. u.a.: Rechnerunterstütztes Entwickeln und Konstruieren im
      Maschinenbau. Forschungshefte Forschungskuratorium Maschinenbau, Nr.
      28, Frankfurt: Maschinenbau-Verlag 1974.

[62] Herold, G.; Herold, K.; Schwager, A.: Massivumformung. 2. Auflage.
      Berlin: VEB-Verlag Technik 1982.

[63] Kammerer, M.: Verfahren zur Herstellung von Kolbenbolzen durch die
      Kaltmassivumformung. Ind.-Anz. 94 (1972) Nr. 65, S. 1586-1588.

[64] VDI-Richtlinie 2810: Leitfaden für den Einsatz von technischen Rechnersystemen in der Kalt- und Halbwarmumformung. Düsseldorf: VDI-Verlag 1988.

[65] Lange, K.: Hohlformwerkzeuge für Urform- und Umformverfahren. VDI-Bericht 166. Düsseldorf: VDI-Verlag 1971.

[66] Horlacher, U.: Wirtschaftliche Fertigung kleiner Losgrößen durch Kaltfließpressen. Draht 39 (1988) Nr. 2, S. 102-104.

[67] Dahme, M.: Rechnerunterstütztes Konstruieren von Werkzeugen für das Kaltmassivumformen. CAD-CAM-CIM Sonderteil in Hanser-Fachzeitschr. 1988, S. CA 108-114.

[68] Hartmann, G.: Grundsätzliches zum Einsatz von CAD in der Massenfertigung von Kaltformteilen. Draht 40 (1989) Nr. 7/8, S. 602-606.

[69] Makosch, W.; Körner, E.: Konstruktion von Kaltumformwerkzeugen mit anwendungsspezifischen CAD/CAE-Modulen. wt-Z. ind. Fertig. 78 (1988) Nr. 2, S. 89-93.

[70] Mayer, E.; Eckhardt, J.; Reinard, K.D.: Vorgehensweise bei der Einführung eines CAD-Systems. Der Konstrukteur (1985) Nr. 4, S. 42-52.

[71] Hellwig, H.-E.: Kriterienkatalog zur Auswahl von CAD-Systemen. VDI-Z 126 (1984) Nr. 13, S. 491-492.

[72] Rapp, H.: Bewertung von CAD-Systemen. Berichte aus dem Inst. für Werkzeugmaschinen, Univ. Stuttgart, Nr. 36. Stuttgart: Techn. Verlag G. Grossmann 1986.

[73] Müller, G.: Rechnerorientierte Darstellung beliebig geformter Bauteile. Produktionstechnik-Berlin, Nr. 8. München, Wien: Hanser 1980.

[74] Hartenbach, K.: Chancen und Risiken der Variantenprogrammierung. CAD-CAM Report 8 (1989) Nr.8, S. 55-61.

[75] Kurz, O.: Variantenkonstruktion mit einem interaktiven CAD-Systemkonzept. Produktionstechnik-Berlin, Nr.42. München,Wien: Hanser 1985.

[76] Bornemann, G.: Die FORTRAN-Schnittstelle am Beispiel eines CAD-Systems. CAD-CAM Report 4 (1985) Nr. 4.

[77] Grieb, P.: Benutzerorientierte rechnerunterstützte Variantenkonstruktion mit dem MEDUSA Parametric-Baustein. VDI-Z 125 (1983) Nr. 13.

[78] BRAVO für mehr Produktivität. Systembeschreibung, Band 1. Applicon Deutschland GmbH, Frankfurt 1984.

[79] Jordan, W.; Sahlmann, D.; Urban, H.: Strukturierte Programmierung. 2. Aufl. Berlin u.a.: Springer 1984.

[80] Hatvany, J.; Stone, B.J.: User-Friendly CAD Systems. Annals of the CIRP, Vol. 36/2/1987, S. 1-3.

[81] ICFG Document No. 4/82: General Aspects of Tool Design and Tool Materials for Cold and Warm Forging. Redhill, UK: Portcullis Press 1982.

[82] Geiger, R.; Woska, R.: Fließpressen. In: Spur, G.; Stöferle, Th. (Hrsg.): Handbuch der Fertigungstechnik, Bd. 2/2 Umformen. München, Wien: Hanser 1984.

[83] Sieber, K.: Theoretische Grundlagen und praktische Erfahrungen zur Konstruktion von Kaltpreßwerkzeugen. Draht 22 (1971) Nr.8, S.534-541.

[84] Sieber, K.: Grundlagen für den Entwurf von Werkzeugsätzen zum Kaltfließpressen von Formteilen, vorzugsweise auf Mehrstufenpressen. Draht 17 (1966) Nr. 4, S. 196-205.

[85] Pferdehirt, G.: Werkzeugauslegung für die Herstellung von Kaltfließpreßteilen auf automatischen Mehrstufenpressen. Ind.-Anz. 95 (1973) Nr. 74, S. 1700-1703.

[86] Feldmann, D.; Honnens, H.: Werkzeugentwicklung für das Kaltschmieden. Draht 17 (1966) Nr. 5, S. 305-314.

[87] Maj, M.: General Principles of Tool Design. 35th Annual Conf. of the Australasian Inst. of Metals, Sydney, 9.-13.5.1982.

[88] Schmidt, H.: Umformwerkzeuge für Transferpressen, neue Aspekte ihrer Gestaltung. In: VDI-Bericht Nr. 266: Kaltmassivumformung. Düsseldorf: VDI-Verlag 1976.

[89] Makosch, W.; Körner, E.: Programmsystem KONWERKA, Dokumentation (unveröffentlicht). Inst. für Umformtechnik, Univ. Stuttgart, 1988.

[90] Prior, H.: Rechnerunterstütztes Erstellen von Einzelteilzeichnungen. Dr.-Ing.Diss. TH Aachen 1980.

[91] Beitz, W.; Küttner, K.-H. (Hrsg.): Dubbel, Taschenbuch für den Maschinenbau. 16. Auflage. Berlin u.a.: Springer 1987.

[92] Praß, P.: Einsatz von elektronischen Datenverarbeitungsanlagen für Berechnungen in der Konstruktion. Konstruktion 26 (1974) Nr.6, S. 235-242.

[93] Schulz, E.: Berechnung von Preßwerkzeugen für das Kaltumformen von Stahl. Draht 16 (1965) Nr. 8, S. 546-557.

[94] Neitzert, Th.: Auslegung von rotationssymmetrischen Fließpreßwerkzeugen im Bereich elastisch-plastischen Werkstoffverhaltens. Berichte aus dem Inst. für Umformtechnik, Univ. Stuttgart, Nr. 62. Berlin, Heidelberg, New York: Springer 1982.

[95] Eberlein, L. u.a.: Statische Kennwerte für Werkzeugstoffe der Kaltmassivumformung. Umformtechnik 12 (1978), Nr. 3, S. 20-26.

[96] Blum, J.: Hartmetalle für den Einsatz in Werkzeugen der Kaltumformung. Draht 31 (1980) Nr. 1, S. 8-12.

[97] Untersuchungen zum Einfluß der Wärmebehandlung auf Eigenschaften des Kaltarbeitsstahls X155 CrVMo 12 1. Thyssen technische Berichte 9 (1983) Nr. 2.

[98]   Zusammenstellung der Eigenschaften und Werkstoffkenngrößen des Schnellarbeitsstahls S-6-5-2. Thyssen techn. Ber. 11 (1985) Nr. 2.

[99]   Milberg, J.; Peiker, S.: Geometrie- und technikorientierte Verbindung von CAD-Systemen und NC-Programmiersystemen. wt-Z.ind. Fertig. 77 (1987) Nr. 10, S. 583-586.

[100]   Schmich, M.: Konzeption und Realisierung eines datenbankorientierten PPS-Systems für die auftragsbezogene Einzel- und Kleinserie. In: Tagungsband "CAT '89", 6.-9.6.89, Stuttgart. Leinfelden-Echterdingen: Konradin 1989, S. 73-77.

[101]   Breyer,K.-H.; Behrendt,K.; Lynch,T.: Datenverbund zwischen CAD/CAM-Anlagen und Koordinatenmeßgeräten. ZwF 80 (1985),Nr.11, S. 477-479.

[102]   Goutier, U.: CAQ im CIM-Umfeld. CAD-CAM-CIM Sonderteil in Hanser-Fachzeitschr., März 1990, S. CA 68-70.

[103]   Lewandrowski, S.: Normteilebibliotheken-Konzept für CAD-Systeme. CAD-CAM Report 6 (1987) Nr. 10.

[104]   DIN V 66304. Rechnerunterstütztes Konstruieren, Format zum Austausch von Normteildateien. Berlin: Beuth 1987.

[105]   DIN V 4001. CAD-Normteildatei, Vorgaben für Geometrie und Merkmale. Berlin: Beuth 1988.

[106]   Arndt, W.; Ehinger, G.; Mayr, R.: Bibliotheken für Normalien, Katalog- und Normteile. CAD-CAM Report 8 (1989) Nr. 10, S. 68-73.

[107]   DIN-Fachbericht 14.CAD-Normteiledatei nach DIN. Berlin: Beuth 1987.

[108]   Lang, J.: Erfahrungen bei der Realisierung grafischer Normteilpakete. CAD-CAM Report 6 (1987) Nr. 7.

[109]   Drave, A.-D.: Datenbanken bei der Integration von CAD/CAM Anwendungssystemen. In: Tagungsband "CAT '89", 6.-9.6.89, Stuttgart. Leinfelden-Echterdingen: Konradin 1989, S. 155-158.

[110] Linke, J.; Schlagenhauf, K.; Kürten, U.: Datenbankeinsatz zur CAD/
       CAE-Datenintegration. CAD-CAM Report 8 (1989) Nr. 7, S. 28-36.

[111] Tröndle, K.; Weckerle, E.: Austausch von CAD-Daten zwischen Unter-
       nehmen. VDI-Z 131 (1989) Nr. 3, S.12-16.

[112] Grabowski, H.; Glatz, R.: Schnittstellen zum Austausch produktdefi-
       nierender Daten. VDI-Z 128 (1986) Nr. 10, S. 333-343.

[113] VDMA/VDA-Einheitsblatt 66319, Festlegung einer Untermenge von IGES
       Version 3.0 (VDA/S). Berlin, Köln: Beuth-Verlag.

[114] Mache, R.-H.; Neuhof, B.: IGES: Ein definierter Subset soll die
       Akzeptanz verbessern. CAD-CAM Report 9 (1990) Nr. 4, S. 72-76.

[115] Marczinski, G. u.a.: Anwendungsorientierte Analyse des zukünftigen
       Schnittstellen-Standards STEP. ZwF 84 (1989) Nr. 8, S. 456-461.

[116] Krause, F.-L.: Wissensverarbeitung für die rechnerunterstützte Pro-
       duktgestaltung. ZwF 85 (1990) Nr. 3, S. 146-150.

[117] Eversheim, W.; Neitzel, R.: CAD-Expertensystem-Kopplung. Wissens-
       basierte Konstruktion von Baukastenvorrichtungen. Ind.-Anz. 110
       (1988) Nr. 23, S. 24-27.

[118] Bullinger, H.-J,; Warschat, J.; Lay, K.: Künstliche Intelligenz in
       Konstruktion und Arbeitsplanung. Landsberg: Verl. Moderne Ind. 1989.

[119] Klein, B.: Intelligenteres CAD. Expertensystemansätze. Computer
       Magazin 17 (1988) Nr. 10, S. 58-60.

[120] N.N.: Mehrere tausend Regeln. Ein wissensbasiertes System für CAD.
       KI - Künstliche Intelligenz 1 (1986) Nr. 1, S. 4-6.

[121] Lange, K.; Makosch, W.; Körner, E.: CAE/CAD-Einsatz bei Umformwerk-
       zeugen. Blech, Rohre, Profile 35 (1988) Nr. 5, S. 385-392.

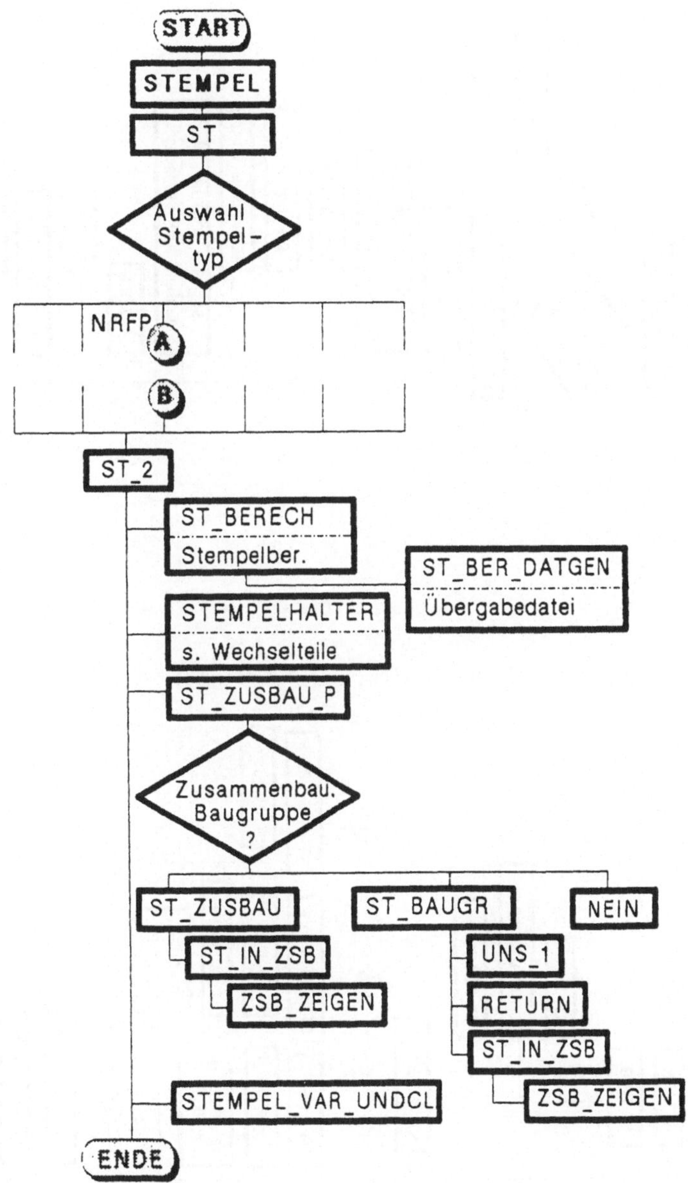

Bild A1: Grobflußdiagramm des Variantenprogramms für Stempel (1. Teil).

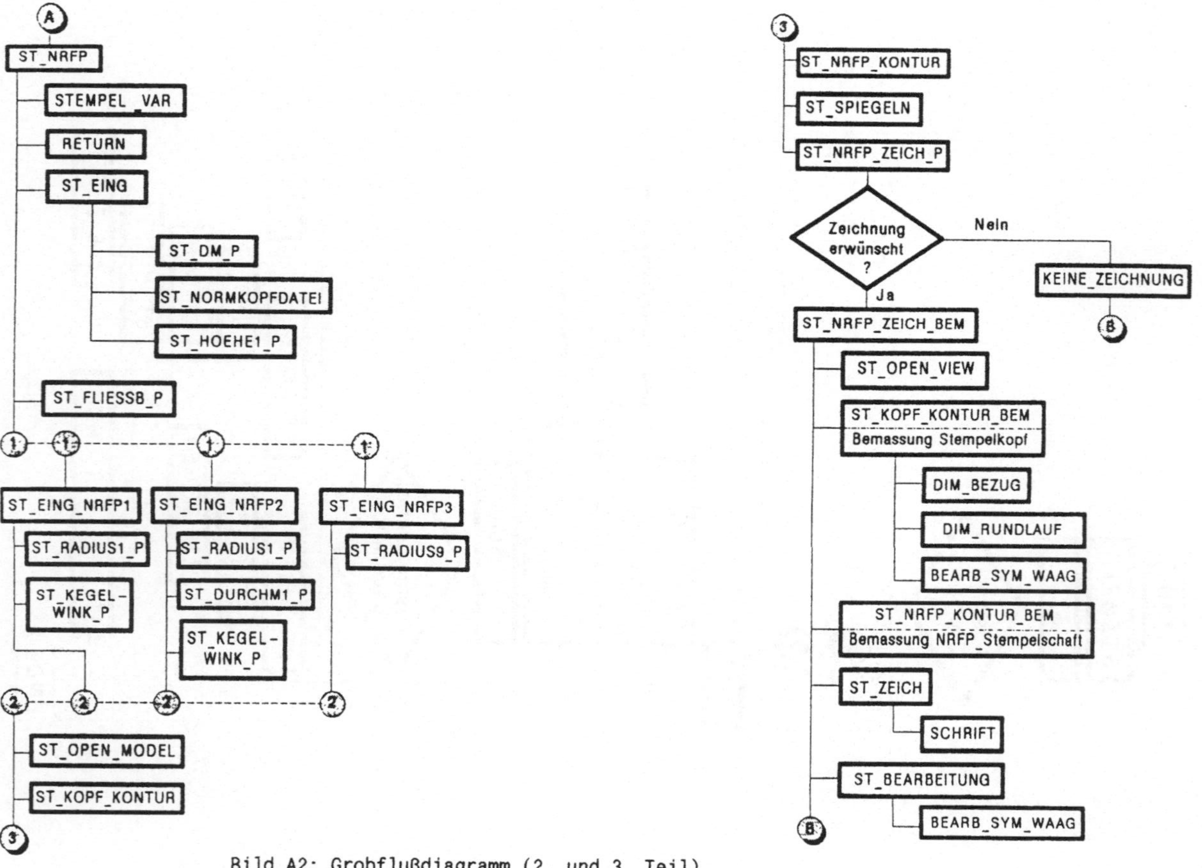

Bild A2: Grobflußdiagramm (2. und 3. Teil).

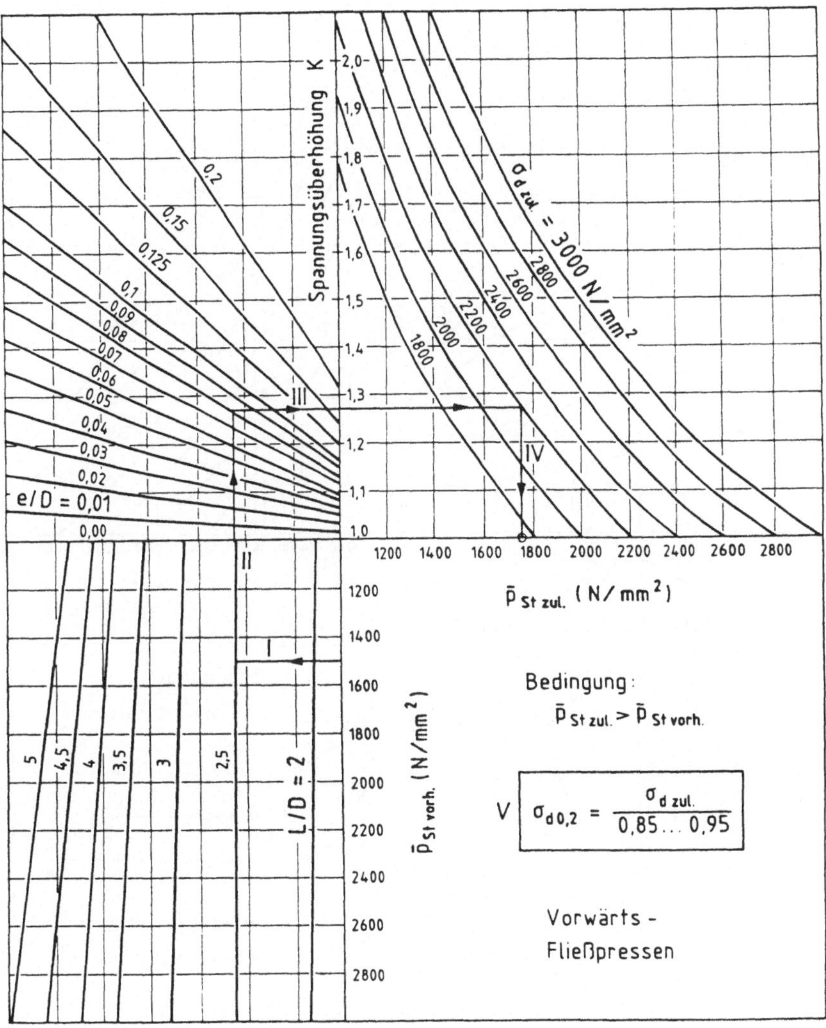

Bild A3: Berechnungsnomogramm für VVFP- und HVFP-Stempel [48].

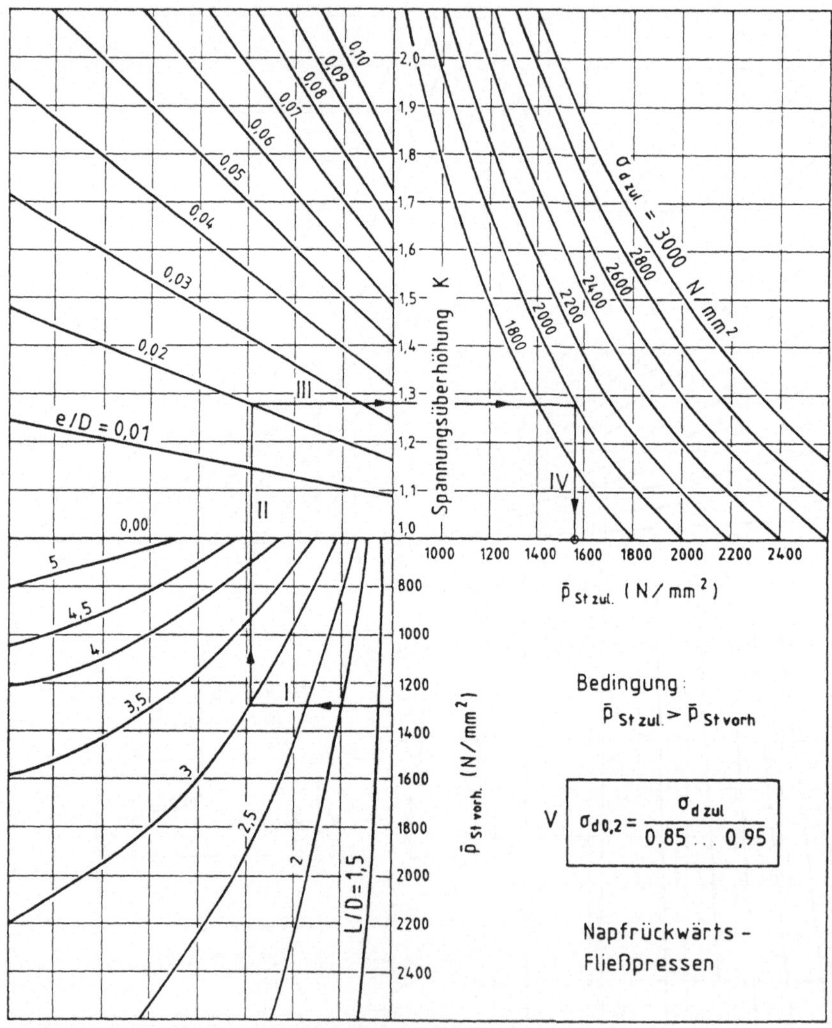

Bild A4: Berechnungsnomogramm für NRFP-Stempel [48].

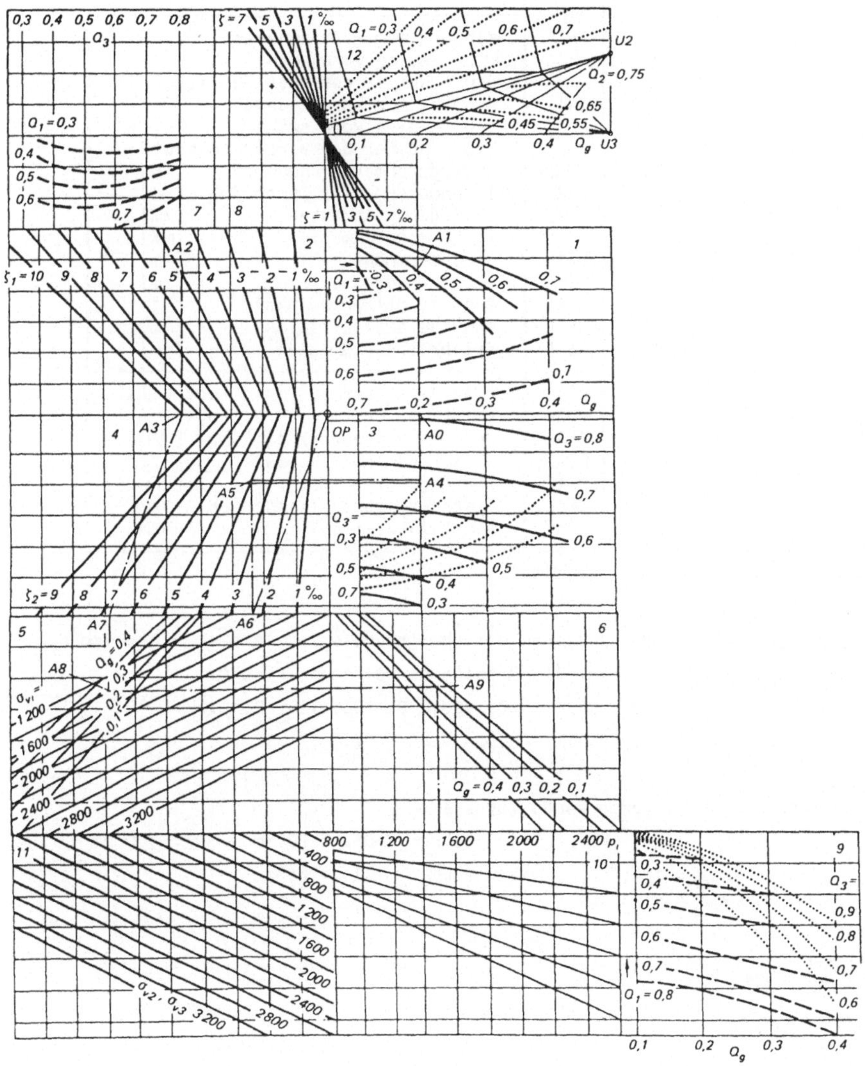

Bild A5: Berechnungsnomogramm für 2-fach armierte Matrizen [46].

Tabelle A1: Schnittstellenspezifikation des Matrizen-Berechnungsprogramms.

ZEILE	VARIABLE	TYP	BEDEUTUNG
1	IN	INT	Kennung der Matrizenart: 0 keine Vorauswahl >0 Nummer der Matrizenbauart
	ISN	INT	Kennung der Berechnung: 0 keine Vorauswahl >0 Nummer der Berechnungsoption
	DA	REAL	Außendurchmesser Außenring [mm]
	DI	REAL	Innendurchmesser Innenring [mm]
	DF1	REAL	1. Fugendurchmesser [mm]
	DF2	REAL	2. Fugendurchmesser [mm]
	HD	REAL	Druckraumhöhe [mm]
	HM	REAL	Matrizenhöhe [mm]
	AL2	REAL	Schulteröffnungswinkel [°]
	R1	REAL	Schultereinlaufradius [mm]
	D1	REAL	Kalibrierdurchmesser [mm]
2	XI1	REAL	relatives Haftmaß in 1. Fuge [‰]
	XI2	REAL	relatives Haftmaß in 2. Fuge [‰]
	SDI	REAL	Druckfließgrenze Innenring $[N/mm^2]$
	RPZ	REAL	Streckgrenze Zwischenring $[N/mm^2]$
	RPA	REAL	Streckgrenze Außenring $[N/mm^2]$
	PI	REAL	hydrostatischer Innendruck $[N/mm^2]$
	E	REAL	Elastizitätsmodul $[N/mm^2]$

Ein **Beispiel** soll das Aussehen der Übergabedatei und die Arbeitsweise des Lesemoduls verdeutlichen. Die Datei habe folgenden Inhalt:

     0, 0, 0.00, 33.6, 60, 90., 0, 100, 180, 2, 0.0/

     6, 0.000, 0.000, 0.0, 0.00, 0., 0/

Es werden dann folgende Werte zugewiesen:

    DI = 33.6 mm   DF1 = 60 mm   DF2 = 90 mm   HM = 100 mm

    AL2 = 180 °   R1 = 2 mm   XI1 = 6 ‰

Berichte aus dem Institut für Umformtechnik der Universität Stuttgart

Herausgeber: Professor em. Dr.-Ing. Dr. h.c. Kurt Lange

Die Bände sind im Erscheinungsjahr und in den folgenden drei Kalenderjahren zu beziehen durch den örtlichen Buchhandel oder durch Lange & Springer, Otto-Suhr-Allee 26-28, 1000 Berlin 10.